U0550924

室內觀葉植物收集日誌
The New Plant Collector

綠植之旅的下一場冒險

鄭德浩 Darryl Cheng

《室內觀葉植物栽培日誌》(*The New Plant Parent*) 作者
園藝網站「室內植物日誌」(House Plant Journal) 創辦人

Contents

Part I. 照顧你收集的植物

第一章 室內觀葉植物收集者 　6
第二章 光照：找出合理可行的方式 　18
第三章 土壤與養分管理 　38
第四章 澆水：一項宇宙通則 　44
第五章 室內的配置 　52

Part II. 可收集的室內觀葉植物

粗肋草（Aglaonema） 　64
姑婆芋（Alocasia） 　71
蘆薈（Aloe） 　76
花燭（Anthurium） 　82
秋海棠（Begonia） 　90
竹芋／肖竹芋／錦竹芋
（Calathea/Goeppertia/Ctenanthe） 　102
吊燈花（Ceropegia） 　110
花葉萬年青（Dieffenbachia） 　116
石蓮花（Echeveria）及
其他小型多肉植物（Succulent） 　122
黃金葛（Epipremnum） 　130
蕨類植物（Fern） 　138
十二卷／琉璃殿
（Haworthia/Haworthiopsis） 　142
球蘭（Hoya） 　148
龜背芋（Monstera） 　160
椒草（Peperomia） 　170
蔓綠絨（Philodendron） 　178
鹿角蕨（Platycerium） 　186
崖角藤（Rhaphidophora） 　192
藤芋（Scindapsus） 　198
合果芋（Syngonium） 　204
鵝掌芋（Thaumatophyllum） 　208
空氣鳳梨（Tillandsia） 　214

附錄：對治害蟲 　223
謝辭 　234
圖片來源 　235
索引 　236

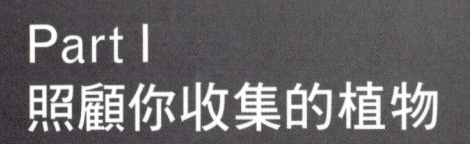

Part I
照顧你收集的植物

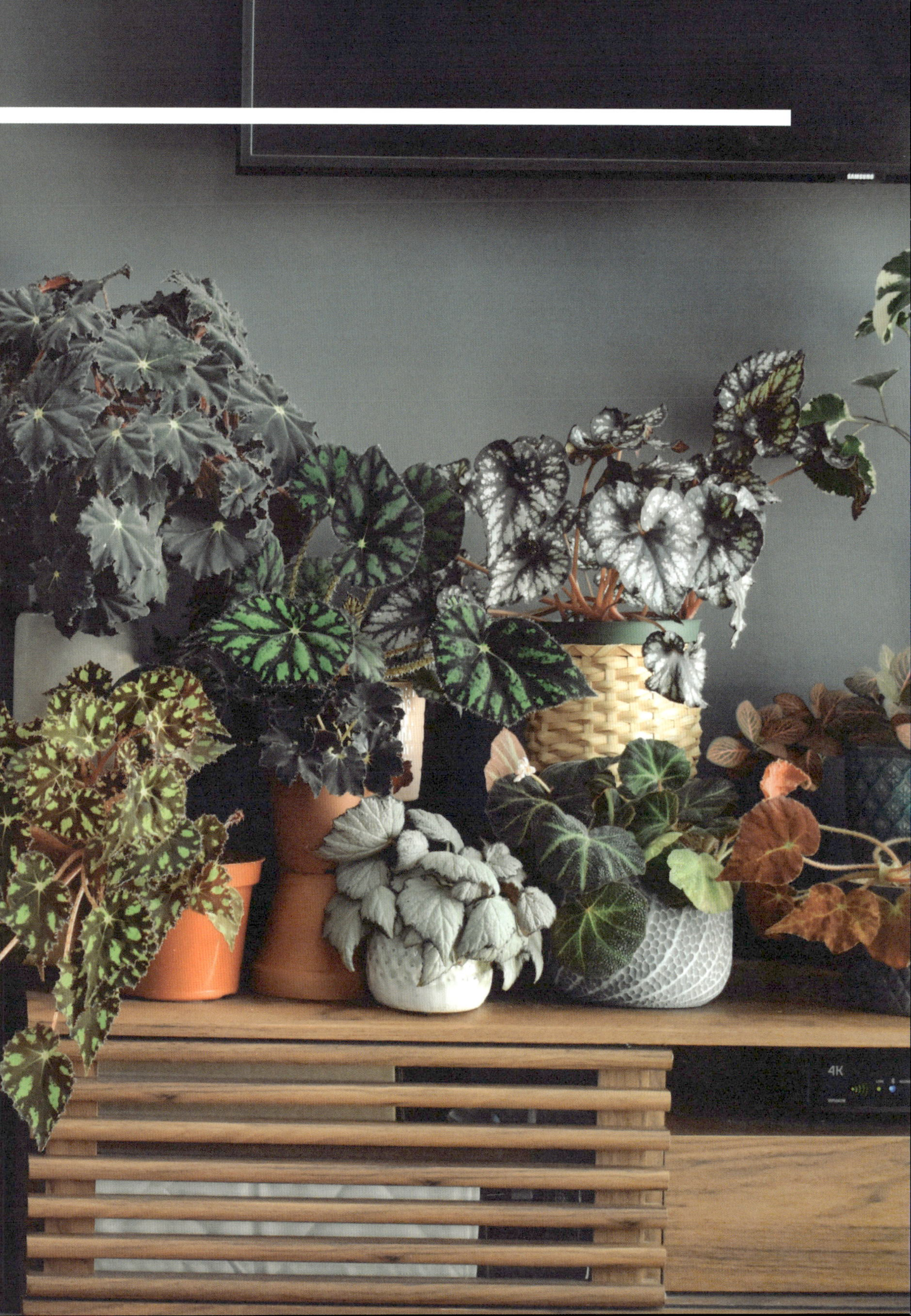

第一章 室內觀葉植物收集者

過去幾年無疑令我們這些熱愛植物的人深感振奮，因為人們對栽種室內植物的興趣大幅激增。社交媒體平臺讓室內植物愛好者得以找到彼此、互通有無，開啟他們投注熱情並推廣（銷售與經營）新植物品種的各種管道，而栽植者亦配合增加新品種與栽培品種的供應。這是一個植栽的全新世界。

如今，只要具備些許基本技巧，你就可以擁有令人驚嘆的室內植物收集，年復一年地帶給你極大的滿足感。你的植物收集可能是經年累月地累積起來，每當你發現某種激發你興趣的新植物時，你的收集就會像朋友圈般不斷增長、擴展。又或者，你可能屬於這種收集者：發現某種植物的特別品種可為你帶來極大的樂趣。無論你屬於哪一種收集者，我都可為你提供意見與實用的建議。

這個室內植物的新世界雖然令人興奮激動，但也大到讓人頗感困惑茫然。因此在本書中，我詳盡地闡述了欣賞室內植物的基本入門知識，引導你做出最佳選擇，讓你得以全程參與植物成長與變化的歷程。

（右頁）與我收集的植物分享陽光。

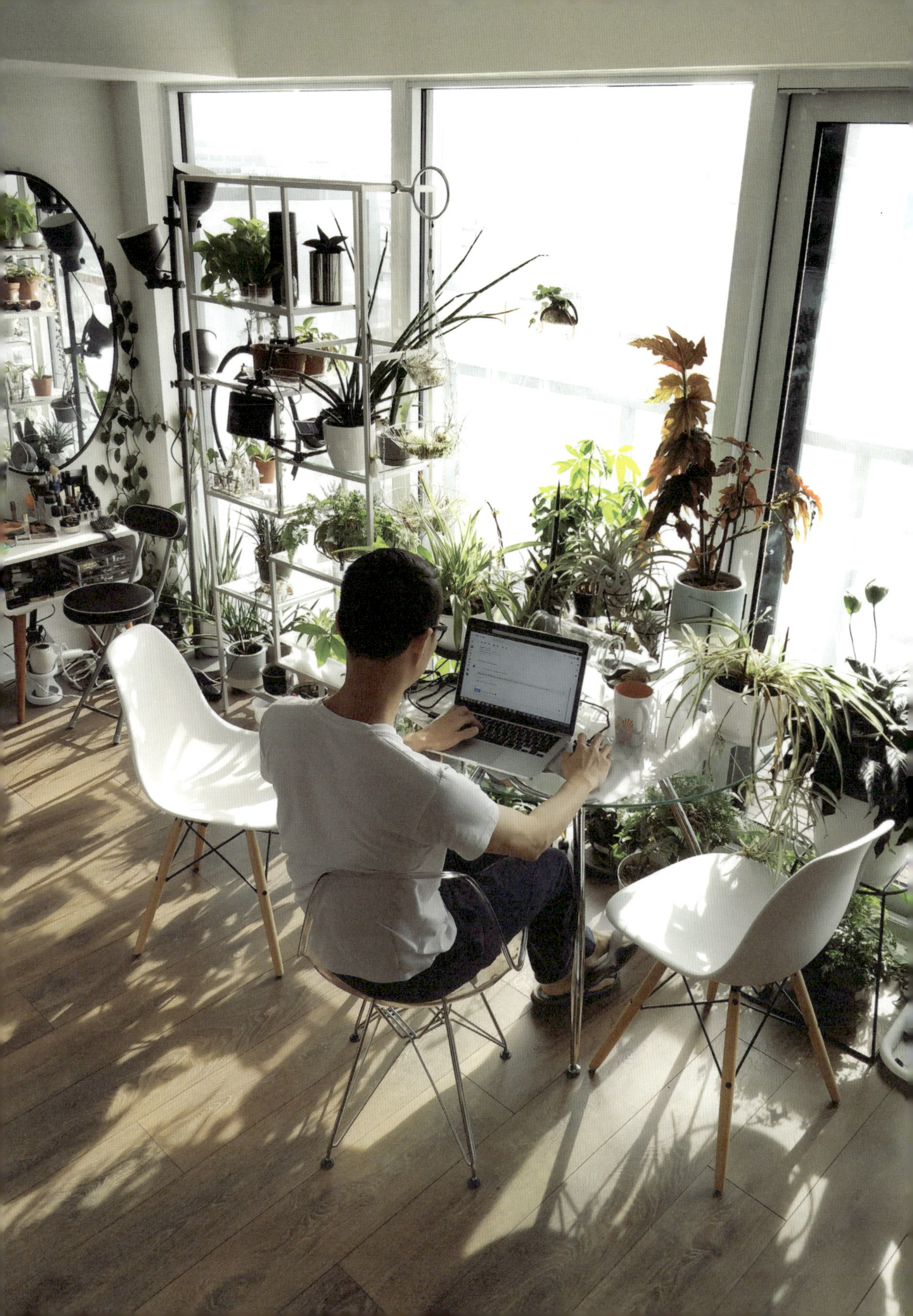

室內植物欣賞入門

美學

學著去欣賞你的植物本身，而不只是把它們當成房間的裝飾品。植物所提供的視覺豐富性美不勝收：葉子的形狀、圖案、紋理，或色彩，以及整株植物的生長結構——這些都是令收集者深感喜悅與著迷的特色。舉葉子為例，許多我們所熟悉的植物品種都有純色的葉子，然而同屬的其他品種或栽培品種則會長出雜色的葉子；雜色會為植物的葉子增添第二種或第三種色彩，形成顯眼的對稱或幾何圖案、或是隨機斑點的效果，而收集者亦從無盡的變化中獲得無窮的樂趣。

即便只是兩株植物的簡單「收集」，其中一株是另一株的雜色版本，也能為收集者帶來意想不到的美學享受。

（下圖）以下是三種常見植物的雜色品種：心葉錦球蘭（*Hoya kerrii variegata*）、「白斑」龜背芋（*Monstera deliciosa* 'Albo Variegata'）、「鉑金」蔓綠絨（*Philodendron* 'Birkin'）。

室內觀葉植物收集日誌

生物學

　　觀看植物如何綻放是一項贈禮：見證另一種生命形式如何忙著展現自我，著實令人著迷。觀看各種不同植物上的新葉徐徐舒展，總是能為我帶來莫大的樂趣，因此我開始拍攝縮時攝影的影片；如此一來，我就能透過一個連續動作觀察到整個過程的細節。觀察植物生長的回報豐厚，正如園藝家珍娜・基爾伯恩・菲利普斯（Janet Kilburn Phillips）所說：「沒有園藝失誤，只有園藝實驗。」儘管必須修剪過度茂密或濃密不均的植物可能會讓人氣餒，但看到它如何繁殖並長出新株，仍然讓人深感興奮與滿足。當你收集了好些植物，其中有些可能很美麗，正處於爭相怒放的巔峰狀態，有些則可能在休眠中，還有些可能正在長出新的枝芽。一旦你有了相當數量的植物，就會一直發生有趣的事情！

（下圖）繁殖令人感到充實又滿足！

友誼

　　植物可以強化你與他人的連結！或許這株植物是你家族世代相傳下來的，又或許是一位好友的贈禮。我有許多看起來不起眼的植物，卻對我有著特殊的意義，因為它們是來自朋友的贈禮（繁殖植物的最大回報之一，就是將帶根的插條送給其他的植物收集者）。友誼也可以直接來自你的植物本身。你照料一株植物的時間，是否久到足以讓它成為你獨一無二的收集？如果有人可以用其他相同品種的植物來取代它，那麼它對你來說就不會是一項特別的收集。不同的植物收集各有其呈現不同情感需求的方式，十二卷屬的收集宛如極易相處的一夥人，而花燭屬的收集則更像是「難以相處」的朋友，會讓你為它們的忠誠付出一些努力。這兩種經驗，都是友誼的重要面向。

（左圖）參觀朋友收集的植物。

那麼，為什麼植物適合收集？

收集帶給你喜悅的植物！我的室內植物欣賞入門請你從美學、生物學，以及友誼的角度，在建立收集時找到你對各種植物的興趣。你可以考慮最常見的、帶有雜色葉子的各種黃金葛（pothos/ epipremnum）——或許會有朋友樂於剪下一支插條來送給你。不但每一片新葉都會為你帶來迷人的驚喜（美學），而且生長快速、繁殖起來很有趣（生物學），你還可以熱切地與你的朋友們分享生長的最新情況（友誼）！

（右圖）一株準備修剪、帶有雜色葉子的黃金葛，可以提供許多插條讓你與朋友分享。

收集的風格

正如你將在本書中看到，有許多植物可供你收集。如果你選擇的植物能適應你現有的光照條件，以及／或者你願意調整生活空間的區域以創造出不同植物所需的條件，譬如添加帶有植物生長燈（grow lights）的架子，或者讓你得以提升濕度的櫥櫃箱子，那麼，你將會是那個最快樂的人。

幸好你可能會收集的大部分植物，都聚集在「明亮的間接光照」（bright indirect light）區（繼續讀下去，你會發現我對這句話的意思抱持著相當堅定的看法與態度）。其中有許多植物是白星海芋屬（Arum），在植物群落中被稱為天南星科（aroids）。如果你開始更深入地閱讀室內植物品種的相關資料，「天南星科」是你會經常看到的一個詞，多生長在熱帶地區（主要是中美洲與南美洲），而我們經常在家中種植的粗肋草、姑婆芋、花燭、花葉萬年青、黃金葛、龜背芋、蔓綠絨、崖角藤、藤芋、合果芋，以及鵝掌芋（僅列舉出你會在本書中找到的若干植物），在大自然中享受樹蔭的遮蔽以及從林冠篩落的陽光。就像植物學中其他的事物一樣，天南星科也可以成為一個吞噬你的資訊兔子洞，因此，我會試著在提供你若干術語以增強你對這些植物的鑑賞力，以及盡量保持簡單之間取得平衡。（話雖如此，如果你是一位有抱負的天南星科植物收集者，你可以在「國際天南星科協會」〔International Aroid Society〕的網站上找到大量豐富的技術知識。）

書中所介紹來自其他屬的植物，收集起來也極有樂趣，譬如秋海棠、竹芋、吊燈花、蕨類植物、球蘭、鹿角蕨、空氣鳳梨，這些植物的光照需求類似天南星科。然而，要在沒有植物生長燈的情況下充分享受栽培多肉植物的樂趣，你會需要更多直接照射的陽光。

除了為植物提供繁茂生長所需條件的實際考量之外，收藏還關乎無形的品味與興趣。專注在收集單一類型植物的不同品種並不罕見，但大多數人都有幾種較小型的收集：我在桌上保留了一個小空間給幾株有趣的多肉植物，每當我需要暫時放下工作、喘息一下，只需要闔上我的筆記型電腦，即可觀看我的十二卷、大戟屬（euphorbia）等小植物，並欣賞它們的獨特結構。

如果你是新手，可以從有些容易找到的入門植物開始上手，而且當你開始被迷住時，還可以嘗試栽培這些植物的其他迷人品種；在本書的植物中，空氣鳳梨或椒草的入門品種很快就能引導你找到不同特色的品種。在我的第一本書《室內觀葉植物栽培日誌》中，我介紹了虎尾蘭（sansevieria/snake plants）。在販售植物的商店中多看看，你會開始注意到從扁平的劍形到厚實的圓柱狀，各式各樣令人驚嘆的葉子形狀。

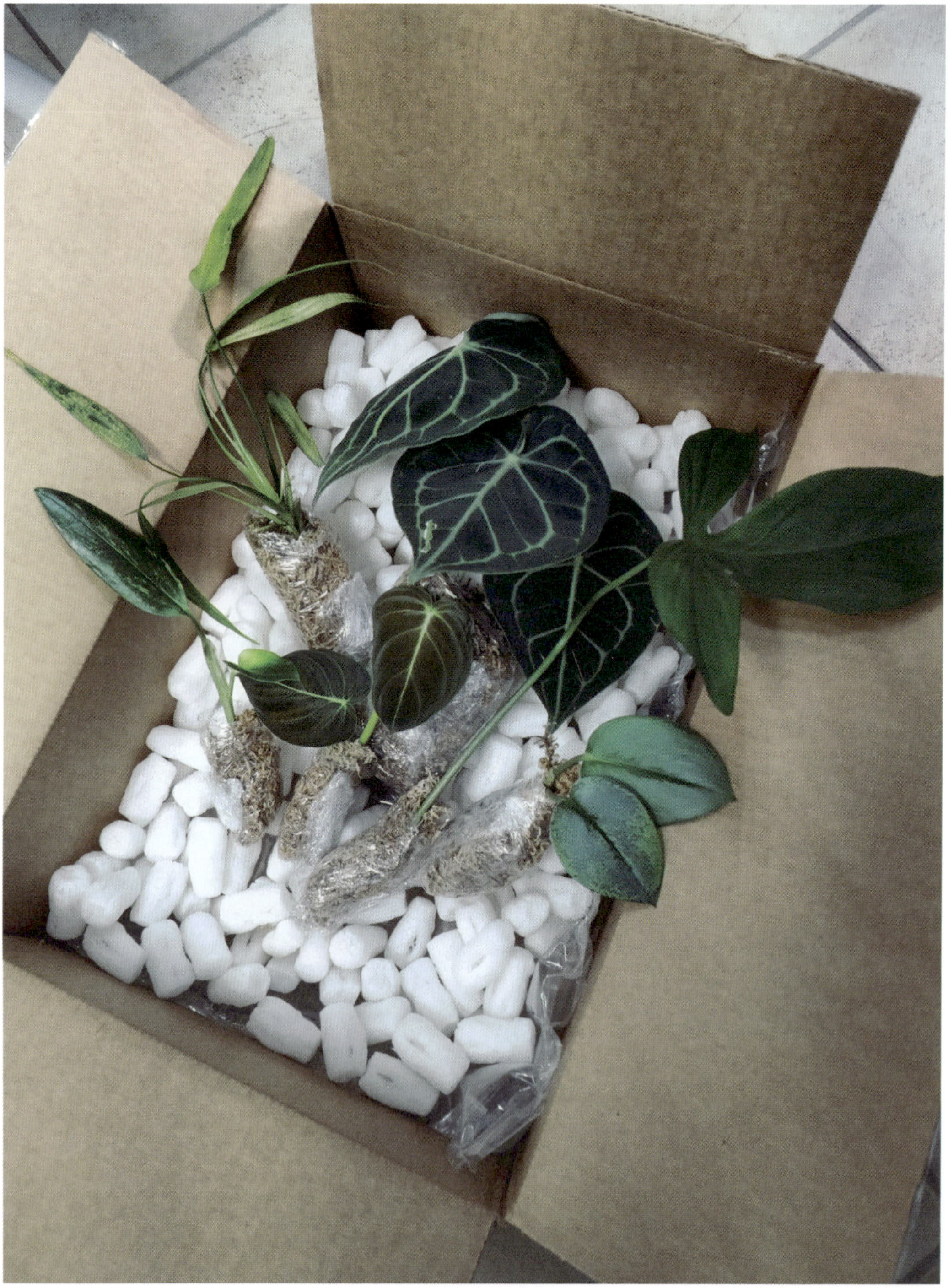

當心地位象徵性的植物

收集植物可以是一項昂貴的嗜好。讓我告訴你鬱金香狂熱的故事。1630 年代，鬱金香狂熱曾經風靡荷蘭，鬱金香的價格也隨之飆漲，人們甚至投資「稀有」品種的「鬱金香期貨」，彷彿花朵是有生產價值的資產。然而好景不常，這整個市場在 1637 年崩盤，留下許多憤怒不已的人們以及一片狼藉的法庭。當然，當鬱金香不再是地位的象徵，價格也就回歸實際面了。

想像在一個充滿社交媒體平臺的世界中，掀起了鬱金香狂熱。在網路上深具影響力的人會以他們收集的熱門植物來吸引、誘惑我們，賣家會在任何植物前加上「稀有」兩字，證明索取高價的正當性。這種現象無所不在，產品主要用於個人享受的消費類別，都受到了偽造的需求影響。有兩種看待「稀有」植物的方式，麥克・里姆蘭德（Mike Rimland）（科斯塔農場〔Costa Farms〕的研發副總裁）曾經解釋過其中的區別：自然界的稀有，以及商業上的稀有。自然界的稀有意味著這類植物品種在自然環境中很難找到，或許是因為它只生長在某幾處地方，又或者它的產地因人類活動而縮小了；收集這些種類的植物應該由專業的自然資源保護者來完成，販賣這些植物是不道德的，你也不該違反相關法律，在你的行李中進口、夾帶來自其他國家的植物。這些法律有充分的理由存在。

商業上稀有的植物指的是那些被引進大眾市場、但以往並不常見的品種。這類植物是以有責任歸屬的明確方式從它們的自然產地收集而來，並經過大量的研究以判斷是否可對其進行商業規模的生產；又或者，這類植物可能是育種者培育出來的新雜交種。這些植物尚為新奇品種時（也就是，商業所謂的「稀有」），價格自然相當高昂；而當產量增加到可滿足需求，追求時尚的目光也轉移到其他更新奇的植物上時，價格便隨之下滑。當然，有些情況是，某種特定植物無法像其他植物一樣輕易地繁殖，使其只能以「小批量」的方式生產，因此，它們的售價會始終居高不下。

我認為，你最好遠離那些因人為炒作而處於價格泡沫中的品種。但是，倘若你必得擁有這些品種，不妨購買或者交易插條或小植株，看看你是能否完成順利培育它們的挑戰。花一大筆錢在一大株樣品上，然後在你不甚完美的生長條件下掙扎著保持它的完美外觀，必然會讓你深感沮喪。

（左頁）在撰寫本書時，我剛拆箱取出好些價格相對昂貴的植物，希望它們能在我的公寓中茁壯成長！

必須得一網打盡！

這就像是一道通往萬丈深淵、一發不可收拾的滑坡：如果一株植物能讓你如此快樂，要不了多久，你的每個窗臺都會被植物所占據，植物生長燈則成了你家中固定的照明標配！購買大量植物很容易，但在某些時候，你可能會被每週必須搬到淋浴間澆水的植物數量給壓垮；過了幾個月，有些時候葉子的汰舊換新會變得太礙眼，以至於打消了你想照料植物的念頭。忽視與不關心的循環，會持續到你悄悄地把植物扔掉為止。我也有過這樣的經驗！相信我的話：擁有幾株繁茂生長的植物，遠比擁有太多「勉強存活」的植物要來得快樂多了。務實地考量你想投入多少時間與精力去收集植物。

包容你的植物並向它們學習

如果你將室內植物視為一種裝飾，那麼任何有損其完美的事物都會被視為「有問題」。傳統的室內植物照顧建議認為，汰換葉子是植物表達自己遇上麻煩的方式，而這樣的思維只會加劇人們想解決問題的傾向。舉例來說，有人或許曾經這麼告訴你，葉子變黃表示你給植物「澆太多水」了；葉子變黃可能是植物根部腐爛的跡象，但也可能是植物對其生長條件做出了自然而健康的反應。大部分植物在長出新葉時，就會自然地汰換掉老葉。

有些極其昂貴的植物，完全根據植物現有的葉子數量來定價。最有趣的是，種植者只需要等待新葉長出，突然之間，植物就能以更高的價格賣出了。然而，這些昂貴的葉子可不會無限期地留在植物上。隨著新葉持續在植物的前端生長，最老的葉子也會相繼枯死；就植物帶給我們的樂趣而言，失去老葉影響這項樂趣的程度差異頗大。舉龜背芋（Monstera deliciosa）為例，如果你的植物本來就有六片非常漂亮的葉子，而且開始長出第七片了，那麼即便最老的葉子枯落，亦無損你欣賞這株植物的樂趣。但從另一方面來看，一株像是皇后花燭（Anthurium warocqueanum）這樣的植物可能只有兩片葉子，當其中的一片開始要掉落時，你的感覺一定會更糟。即使是相同類型的植物，每一片葉子的壽命也會根據環境條件、可獲取的

養分等各種情況而有所不同。舉例來說，我會記錄我的龜背芋上有幾片葉子，當這種植物被種在花盆中時，它的葉子在任何地方都可以存活2～4年（如果在它的自然產地戶外生長，甚至可以維持得更久）。

如果你的龜背芋種在戶外，當溫度降到接近冰點時，許多葉子的邊緣（有時甚至是整片葉子）會變黑；這些變黑的部分永遠不會再恢復成綠色，所以你可以花上片刻時間哀悼這些受損的葉子，然後開始檢查主藤——如果它仍然是綠色，那麼植物就還有希望！你可以切下主藤，以節點新長出來的部分重新栽種這株植物；在良好的生長條件下，給它1、2年時間，你就會多出一株新的植物。當你將植物的變化視為一種常態時，你會優雅地接受這樣的損失。

本書提供的照顧指南，應該被視為長期享受植栽樂趣的建議，而非保證栽種出完美植物的規則。正如沒有完美的人，也沒有所謂完美的植物。如果我必須明確地表達一個能長期享受植栽樂趣的方法，那就是：接受葉子的壽命有限，以成長而非衰敗為目標，並且擁抱改變！

（左上）我不會因為我的「泰斑」龜背芋（*Monstera deliciosa* 'Thai Constellation'）上這片變黃的葉子而失眠。

（右上）沒了苗圃的生長條件，皇后花燭會一直保持兩、三片葉子，直到其中一片開始功成身退（變黃）；而當葉子還在時，我會單純地享受每一片葉子所帶來的樂趣。

第二章 光照：找出合理可行的方式

一代代的戶外園丁成功地使用這套簡單的分類系統，來詳細指稱特定植物生長所需的光照：

- 全日照（Full sun）：6小時或更長時間的直接日照。
- 部分日照（Part sun）：4到6小時的直接日照。
- 部分遮蔭（Part shade）：4到6小時的直接日照，最好不要是炎熱的午後豔陽。
- 遮蔭（Shade）：少於4小時的直接日照。

這套系統讓人毫無混淆的空間。被評為需要「全日照」的庭園植物不會在一棵大樹的樹冠下長得好，而你也不會在一片空地中央種植一株「遮蔭」植物。園丁有良好的經驗法則去了解戶外光線。

但是當我們轉向室內光照與植物生長燈時，這些就沒有原本該有的建議那麼清楚了。我們可能會根據窗戶的方向得到對植物的通則性建議，彷彿所有窗戶的大小完全相同。「明亮的間接光照」似乎是我們大部分的室內植物所需要的，但這個籠統的術語太過模糊，以至於無甚幫助。在沒有明確方針指導我們如何提供室內植物所需光照的情況下，最後我們只好相信，有些人就是具備了栽種室內植物的神祕天賦，從而有了綠手指的神話！

（右頁）開始測量你的間接光照，你就會清楚得知該在哪裡、不該在哪裡安放你的植物。

室內觀葉植物收集日誌

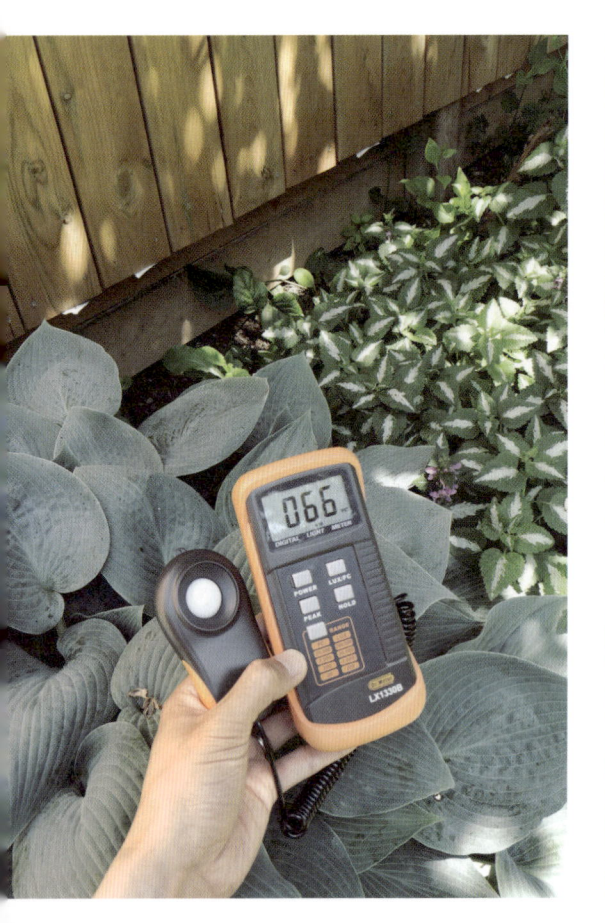

（上圖）以自然光來說，「呎燭」（FC）以大約0.2的係數轉換為「光合有效輻射」（PAR）；因此，倘若我使用勒克司／呎燭測光表（Lux/FC light meter）（左）測量出660呎燭，光合有效輻射測光表的讀數即為132微莫耳（μmol）（右）。

當我剛開始收集植物時，我意識到解開室內環境光（包括自然光與生長燈）之謎的第一步，就是去測量它。你的眼睛可以輕易地辨識出直接照射在植物上的陽光，但人類視覺的生理構造使得我們的眼睛無法精確測量間接光照的強度，亦即我們所說的散射光（diffused light）──來自天空與其他反射陽光的表面。當我們在不同的光照區域之間穿梭移動時，我們的眼睛會不斷地在不同的亮度值（brightness value）之間重新取得平衡，以便保持穩定不變的視力。

因此，除非你有超能力，否則你必得用上測光表來測量間接光照的強度。就像用尺來測量長度，不同類型的測光表會用不同的尺度來測量光照。你可以選擇測量勒克司（單位：勒克司〔lx〕）與呎燭（單位：呎燭〔FC〕）、或是測量光合有效輻射光子通量密度（photon flux density）（單位：微莫耳〔μmol〕）*的測光表，兩種類型的測光表都足以在觀賞植物所需的容差（tolerance）範圍內測量自然光與LED白光。勒克司／呎燭測光表比光合有效輻射測光表便宜多了，使其成為大多數人的最佳選擇；同時，勒克司／呎燭測光表為你提供了可以在勒克司與呎燭的光照測量值之間切換的選項。僅供參考，1 呎燭大約等於 10 勒克司；我使用呎燭，因為室內間接光照條件下的

呎燭值會落在 1,000 以下，而相同條件下測量出來的勒克司值會高達數千、甚至數萬。這讓勒克司值使用起來麻煩多了。因此，當你使用勒克司／呎燭測光表並遵循書中的建議時，務必記得選擇「呎燭」。

我會針對每種深具特色的植物屬，提供你三種常見光照情況的理想光照條件，這三種情況為：室內自然光（natural light indoors）、植物生長燈以及商業苗圃（commercial nurseries）。

*技術上來說，光合有效輻射的測量單位是微莫耳／平方公尺／秒（μmol/m²/s），即 1 秒中 1 平方公尺範圍內所接收到的微莫耳數。我將其縮寫為微莫耳。

室內自然光

關於植物光照需求的傳統建議,並未對一天當中變化劇烈的兩種室內光照加以説明:直接照射的陽光(亦即直接照射植物而並未經由其他物體反射的陽光),以及間接光照或稱環境光照(ambient light)(亦即除了直接照射的陽光之外,明亮到足以讓你看見的光照)。讓我們重新思考以往理解室內光照變化的方法,如此一來,我們就能更精確地判斷不同的光照情況。

想像你的植物整天坐在窗邊。如果天氣晴朗,陽光可能會直接照射在植物的葉子上好一會兒,但終究會被窗緣擋住,消失在視野之外;而在這一天剩下的時間當中,植物將接收來自天空的環境亮度或附近表面所反射的光照;這兩種光照的某種組合有助於植物生長,而你的工作就是找出光照組合的正確平衡。

植物熱愛(若干)直射陽光

對絕大多數植物來説,接收若干直射陽光是很棒的一件事(我會告訴你什麼時候並不棒)。可能有人告訴你,植物需要「明亮的間接光照」,並且會因陽光直接照射在它們的葉子上而受到傷害。這是一個誤解。不幸的是,如果你把大部分植物放在距離窗戶相當遠的位置以避免陽光直射,它們可能根本無法得到足夠光照來生長。一般來説,你會想要盡可能地延長植物曝曬在直射陽光下(透過室內的窗戶)的光照時間,同時避免葉子被烤焦以及/或者讓土壤太快乾透;理解後者至關緊要,因為你的植物接收的直射陽光愈多,它消耗土壤濕度的速度就愈快,這意味著你必須十分勤快地澆水。

(右頁)此時,龜背芋接收的是直射陽光,而左邊架子上的植物接收的則是間接光照。

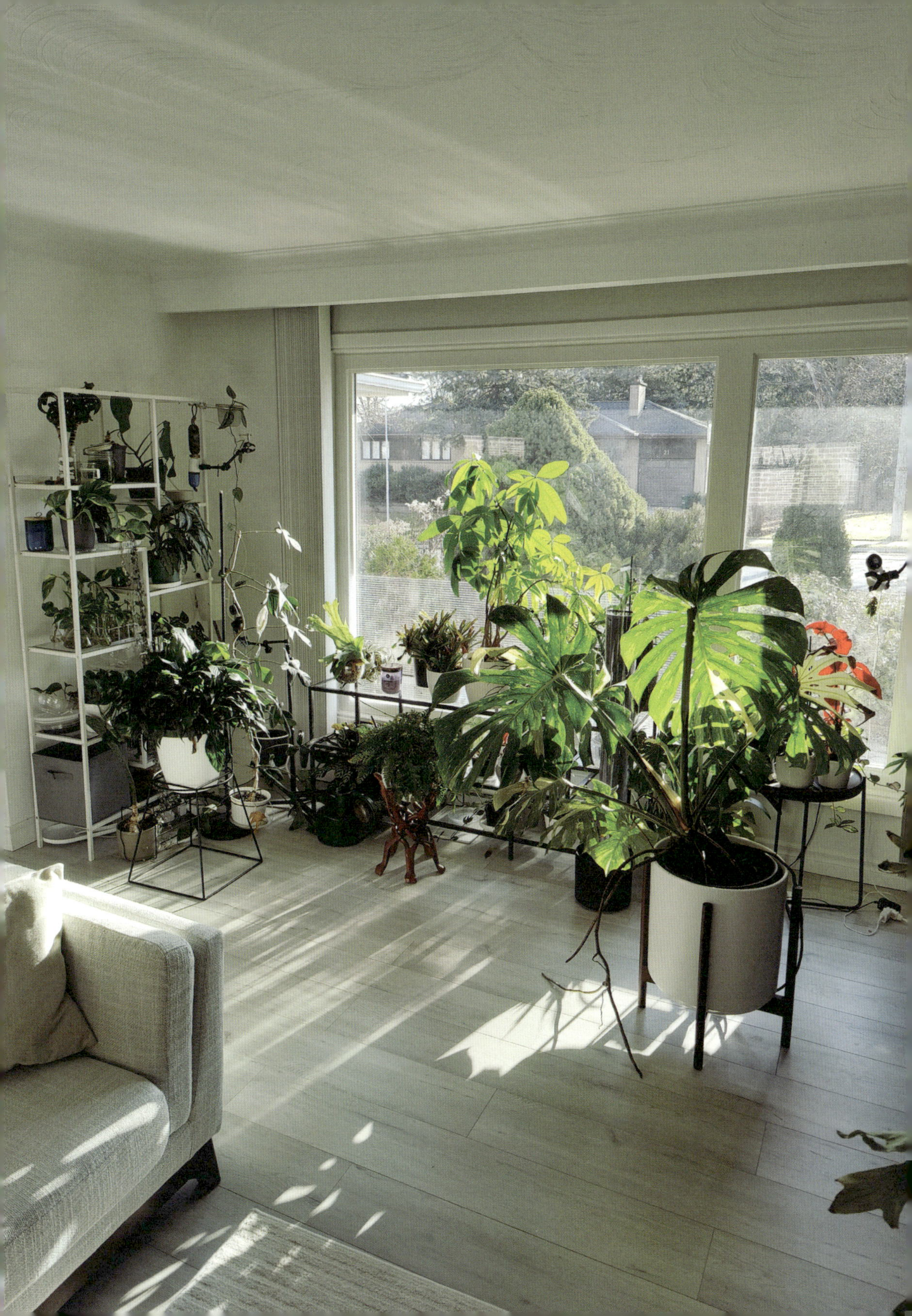

間接光照的強度變化超乎你所想像

在一天當中的其他時間，太陽會逐漸遠離到植物的視線範圍之外；這時，你的植物只能接收到間接光照。光照的強度取決於窗戶的大小以及植物相對於窗戶的位置。為了感受間接光照的變化，你不妨在一天當中用測光表的感應器多測量幾次照射在你植物葉子上的間接光照強度。同時，在你逐漸遠離窗戶時，觀察測光表上的讀數如何改變──你會看出些微距離上的改變，得出的結果卻是天差地遠。光是一臂之距，讀數即可從 400 呎燭掉到 100 呎燭！

關於間接光照的範圍，以下是你可以記住的若干實用資訊：

- 100 呎燭以下（20 微莫耳）
- 100～200 呎燭（20～40 微莫耳）
- 200～400 呎燭（40～80 微莫耳）
- 400～800 呎燭（80～160 微莫耳）

如果一天當中的大部分時間，間接光照可以保持在 400～800 呎燭的最高範圍之內，任何需要「明亮的間接光照」的植物都會長得很好。即便落在 200～400 呎燭中，也是可以接受的範圍。

直射陽光過多？分散它吧！

如果你的植物沐浴在陽光下，而你觀察到葉子被烤焦了；又或者，你發現很難持續不斷地澆水，那麼，你可以利用透明的白色紗簾來分散光線，藉此降低直射陽光的強度。當陽光直接照射在半透明的擴散材料（diffusing material）時，測得的光照為 800～2,000 呎燭，正是完美的「明亮的間接光照」。你也可以增加植物基質的保水性（利用少量的珍珠岩、樹皮碎片，或其他排水材料）。

當然，你也可以把植物移到距離窗戶較遠的地方以避開過多的直射陽光，或是降低植物照射到的間接光照強度；運用你的測光表確定你沒有剝奪植物生長所需的光照！

LTH測光表（LTH Meter）

對頁與本書中所示的測光設備，都是 LTH 測光表，LTH 代表「光線（light）、溫度（temperature）、濕度（humidity）」，它是第一部可以同時測量這三者的儀表。我設計並製造這部儀表的目的，是為了讓植物的主人更能察覺植物最理想生長所需的環境因素。LTH 測光表可以在我的網站 houseplantjournal.com 上找到。

（左上）你可以把測光表放在植物的葉子旁，從植物的角度來測量光照。

（右上）倘若我的窗戶上沒有這種擴散材料，這株霸王空氣鳳梨（Tillandsia xerographica）將會曝曬於直射陽光下（將近7,000呎燭）6個小時，這可能會讓持續澆水變得充滿挑戰性。有了這種擴散材料，我的光照讀數會落在2,000～3,000呎燭的範圍內。

（右下）即使陽光直接穿透附近的窗戶照射進來，不在直射陽光路徑上照射到植物的間接光照，測出來的讀數也可以是適度的200呎燭。幸運的是，這樣的光照很適合粗肋草生長。

室內觀葉植物收集日誌

室內自然光照水平的案例研究

位置 1

位置 2

　　我將一株藤芋放在窗戶旁的一個書架上。我觀察到陽光直射在植物上大約 1 個小時。一天當中剩下的時間，我用測光表進行的抽查顯示間接光照水平落在 200～400 呎燭的範圍內。讓我們以更詳細的分析來比較這項粗略的評估。如果你仔細觀察這張照片，你可以看出兩個有著藍色尖端、相距兩英尺的光感應器被夾在書架上：我們把較靠近窗戶的那個稱為「位置 1」，距離窗戶較遠的另一個稱為「位置 2」。

位置1

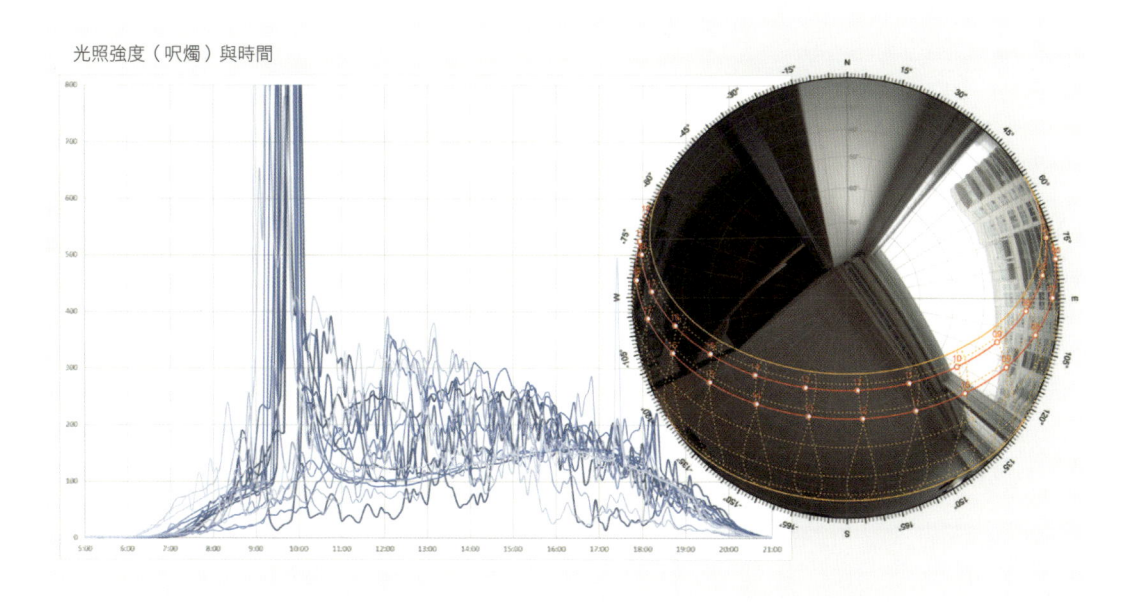

光照強度（呎燭）與時間

　　該圖顯示了在加拿大多倫多市兩週內整個白天的光照強度（呎燭）。球體是一種陰影分析（shade analysis），顯示植物從書架上看出來的視角。注意在這個位置上，植物可以「看見」一片天空以及一座附近的建築物，後者將來自天空的光線反射到窗戶上。紅線則是在測量期間太陽運行的路徑。

　　注意呎燭的高峰落在上午9～10點之間，這時，太陽位於植物的直視範圍內。上午10點之後，太陽運行至天空的其他位置，呎燭會降低許多——感應器接收到來自天空以及鄰近建築物反射的散射光（亦即「間接光照」），並記錄了大約1個小時的直射陽光以及其他時候落在200～400呎燭範圍內的間接光照。通常，這對任何需要「明亮的間接光照」的植物來說相當理想，也與我基於抽查得出的估計值吻合。

　　下一頁，你可以看到當我們把感應器往房間方向移動不過兩英尺的距離時，光照的數值降低了多少。

室內觀葉植物收集日誌　　27

位置 2

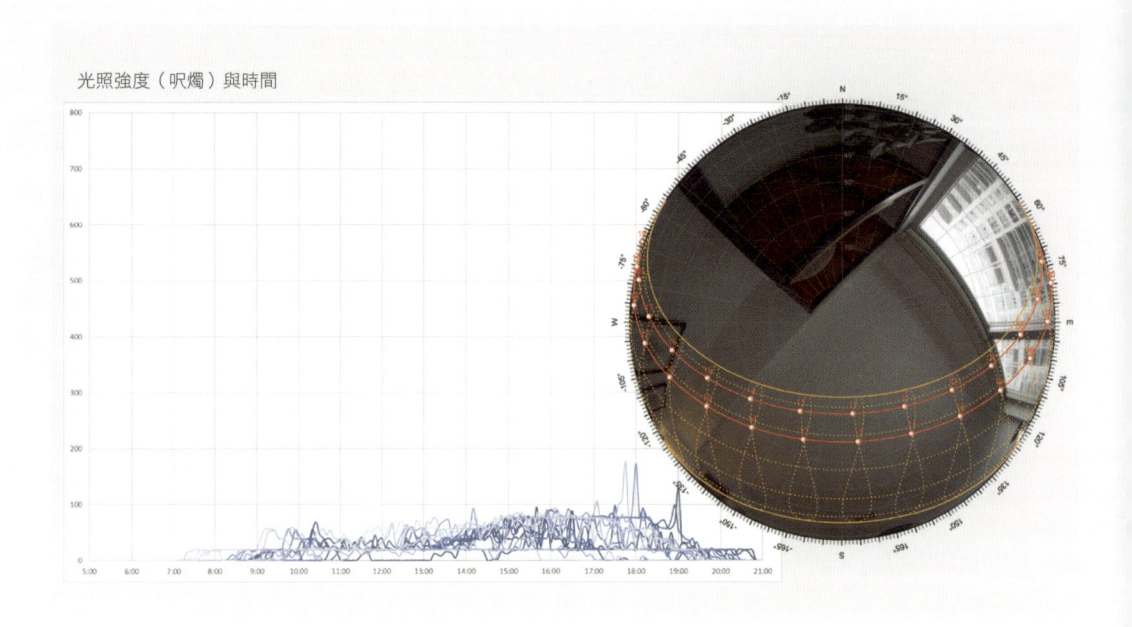

光照強度（呎燭）與時間

　　該圖顯示了在加拿大多倫多兩週內整個白天的光照強度（呎燭）。注意現在的陰影分析顯示，植物幾乎「看」不到任何開闊的天空。

　　在同樣的兩週期間，位置 2 並未接收到任何直射陽光，接收到的間接日照也低於 100 呎燭。位置 2 的間接光照不到位置 1 的一半，因為位置 2 的植物「看到」陽光散射的表面積比位置 1 少得多；在這種情況下，植物幾乎接收不到任何來自天空的散射光。怪的是，你的眼睛無法記錄這種差異，但測光表可以！在毫無直射陽光以及少於 100 呎燭的間接光照下，一株需要「明亮的間接光照」的植物只能勉強在位置 2 存活，但僅需「低光照」（low light）的植物可能還應付得來。

評估「明亮的間接光照」的經驗法則			
	400～800呎燭的間接光照	200～400呎燭的間接光照	100～200呎燭的間接光照	100呎燭以下的間接光照
4小時的直射陽光	極好	極好	極好	極好
3小時的直射陽光	^	^	^	^
2小時的直射陽光	^	^	^	^
1小時的直射陽光	極好	良好	良好	尚可
沒有任何直射陽光	良好	尚可	尚可	不足

生長在室內的植物，在一天的大部分時間中會接收變化幅度不等的間接光照，若是太陽出現在植物的視野範圍內，它就能接收一段時間的直射陽光。正如這幅圖表所顯示，時間較久的直射陽光可以補償水平較低的間接光照，產生大部分室內植物所需的「明亮的間接光照」。

室內觀葉植物收集日誌

植物生長燈

在談到植物生長燈時，我們必須明確區分需要高強度設備的農業應用（舉例來說，僅使用人工照明來種植番茄）以及需要維護的觀賞植物。本書僅介紹觀賞植物。白色 LED 照明價格低廉、有效，而且強度足以栽種我們可能會收集的大部分熱帶觀葉植物。因此，忘掉你永遠不需要的生長燈，包括螢光燈、陶瓷金屬鹵化物燈（ceramic metal halide）、高壓鈉燈（high pressure sodium），以及純紅／藍 LED 燈。

除了白色 LED 燈，你需要測光表幫助你將照明置放於距離植物的適當位置上，以便獲取你所期望的光照強度。將你的照明設定為自動計時也極有幫助，如此一來，你就能每天讓照明保持開啟一段適當的時間。

在使用植物生長燈時，你必須了解的兩個關鍵參數是植物的光照強度以及光照時間。對於書中介紹的植物，我提供了建議的設定值。以生長燈來管控「接收的光照總量」很簡單，因為不同於自然光，白色 LED 光照的強度不會隨著時間推移而改變。舉例來說，假設你的植物接收了 200 呎燭 ×12 小時的光照，而你想看看增加 50% 的光照將如何影響植物成長；你可以增強 50% 的光照至 300 呎燭並讓時間常數（time constant）保持在 12 小時，或者讓強度常數（intensity constant）保持在 200 呎燭並增加 50% 的光照時間至 18 小時。無論是哪一種方式，植物都會多獲取 50% 的光照。

稍後，我們會介紹每日光照量累積值（Daily Light Integral）的概念；這個概念將解釋為什麼 300 呎燭 ×12 小時與 200 呎燭 ×18 小時所增加的光照量相同。

（右頁）測量在植物上方的白色LED生長燈強度。

室內觀葉植物收集日誌

測量商業苗圃的光照

以下是專業人士的做法。從植物的位置測量晴天中午無遮擋的陽光，亮度將遠遠超過 10,000 呎燭（大約 2,000 微莫耳）。書中的大部分植物（多肉植物除外）最多只能忍受這種程度的光照強度幾個小時。因此，商業苗圃必須遮擋並分散直射陽光以最大化光合作用，同時藉由漂白使葉子的受損程度降至最低（他們用自動灑水器解決了澆水問題）。多層半透明遮光材質（對應特定的遮光百分比〔percent shading〕）的使用可以做到這一點。

花燭的栽種者可能會把光照設定在 80～90% 的遮光百分比，這意味著遮光材質會將陽光減弱到大約 1,000～2,000 呎燭（200～400 微莫耳）。然而，多肉植物的栽培者可能只需要 10～20% 的遮光百分比，意味著接近正午時分所測量的光照應該落在 8,000～9,000 呎燭範圍內。一般來說，每 10% 的遮光可降低 1,000 呎燭的讀數（假設沒有遮光時的呎燭讀數為 10,000）。

佛羅里達大學食品暨農業科學研究所（University of Florida Institute of Food and Agricultural Sciences）為許多深受喜愛的室內植物商業栽種者公布了指導方針，以遮光百分比明確訂定出光照；即使你沒有任何溫室，了解栽種者用來有效地生產高品質植物的光照水平也很重要。儘管你的植物僅需苗圃光照水平的一小部分就可以長得很好，你最好還是清楚知道它們能容忍的光照範圍與極限。

（右頁左上）苗圃溫室採用高架的半透明材料來分散陽光，以保持最理想的光照。

（右頁右上）生產多肉植物的溫室採用極薄的遮光材料，讓直射陽光降低到 8,000～9,000 呎燭範圍內。

（右頁下方）遮光百分比經常讓人們感到困惑，因為「80～90%的遮光百分比」聽起來像是遮擋住大量的光照；但請務必記住，我們談的是降低完全無遮擋的陽光（左圖），而非透過窗戶照射進來的陽光（右圖），後者大部分的天空都被牆壁與天花板遮擋住了。

室內觀葉植物收集日誌

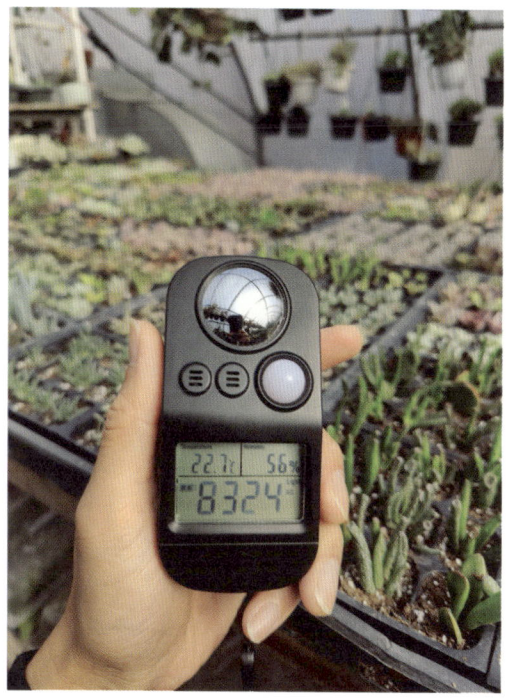

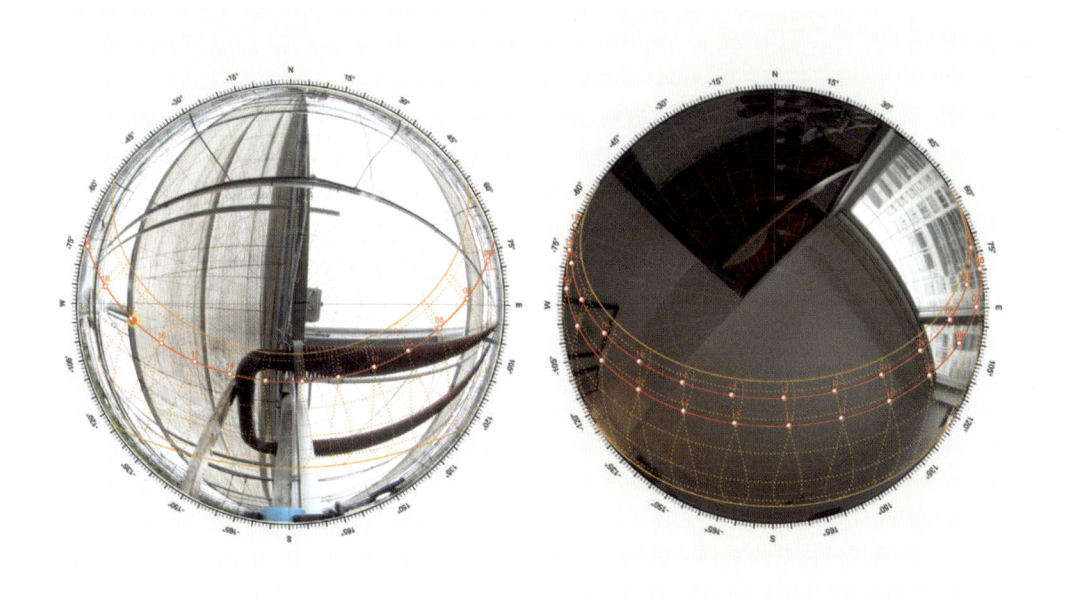

介紹每日光照量累積值

上述的三種光照情況（自然光、植物生長燈、苗圃條件）都透過一個共同的主題結合在一起：不同的植物有不同的每日光照需求，這些需求必須被滿足，植物才能茁壯成長。植物並不在乎它所接收的光照是直接來自太陽、還是來自牆壁的反射，是從 LED 燈散發出來、還是透過遮光罩過濾而來；植物每天只需要適當的光量，就能製造出充足的碳水化合物。這讓我想到每日光照量累積值（DLI）的概念。如果你只對植物照顧的實用資訊有興趣，現在就可以停止閱讀而且不會錯過任何事；但如果你想對室內植物及其需求有全盤性的了解，你可能會發現，每日光照量累積值是一項極有幫助的概念。

針對植物一天需要多少光照（莫耳）這個問題，每日光照量累積值是一個一站式的答案。我在對頁列出了我們熟悉的植物光照需求之每日光照量累積值範圍，從戶外的「全日照」庭園植物到「低光照」室內植物皆包括在內。

如果你想知道不受窗玻璃阻擋的陽光強度，讓我們假設，「全日照」的定義是在 10,000 呎燭下保持 6 個小時或更久時間的（戶外）直射陽光，每日光照量累積值是 43.2 莫耳／天。對我們來說，幸運的是，少於該值四分之一的光照量即可滿足我們大部分的室內植物所需。

提醒一下，我們不該將這些數字視為明確無誤的規定，因為觀賞植物的生長相當主觀——我們並不是在測量蔬菜的產量。這就是為什麼我們提供的是概括重疊的範圍以及一般通則的結果。

1～2莫耳／天	• 「低光照」植物生長良好。 • 「明亮的間接光照」植物生長緩慢。 • 對「遮蔭」、「部分日照」或「全日照」植物來說光照太弱。
2～4莫耳／天	• 「低光照」植物生長極好。 • 「明亮的間接光照」植物生長良好。 • 勉強維持「遮蔭」植物所需最低光照。 • 對「部分日照」植物來說光照太弱。
4～10莫耳／天	• 「低光照」植物生長極好，容易保持澆水與施肥。 • 「明亮的間接光照」植物生長極好，容易保持澆水與施肥。 • 「遮蔭」植物生長良好。 • 對「部分日照」植物來說光照太低。
10～20莫耳／天	• 對「低光照」植物來說光照極高，可能不易保持澆水與施肥；有些葉子可能會被曬到褪色。 • 對「明亮的間接光照」植物來說光照極高，可能不易保持澆水與施肥；有些葉子可能會被曬到褪色。 • 「遮蔭」植物生長極好，容易保持澆水與施肥。 • 對「部分日照」植物來說光照極佳。 • 對「全日照」植物來說光照太低。
20～40莫耳／天	• 對大部分「低光照」與「明亮的間接光照」植物來說光照太高。 • 對「遮蔭」植物來說光照極高，可能不易保持澆水與施肥；有些葉子可能會被曬到褪色。 • 「部分日照」植物生長極好，容易保持澆水與施肥。 • 「全日照」植物生長良好。
40以上莫耳／天	• 對大部分「低光照」、「明亮的間接光照」，以及「遮蔭」植物來說光照太高。 • 對「部分日照」植物來說光照極高，可能不易保持澆水與施肥；有些葉子可能會被曬到褪色。 • 「全日照」植物生長極好。

測量每日光照量累積值

嘗試在自然光的情況下計算你的每日光照量累積值,這是不切實際的做法;因為隨著太陽跨越天際的運動與各種日常天氣模式相互作用,光照水平不斷地改變。假設你收集得到室內特定位置的每小時光照強度數據資料,那麼,你會需要一份試算表來測定每日光照量累積值。不過,你可以運用每日光照量累積值來設定一套生長燈的使用方法;由於生長燈在開啟期間會保持相同的亮度,因此,計算每日光照量累積值只需要簡單的算術。

譬如說,你想以 6 莫耳/天的每日光照量累積值來計算一株典型「明亮的間接光照」植物的生長燈需求,而且你打算每天保持開啟生長燈長達 12 小時。(每日光照量累積值是以光合有效輻射來計算,因此,如果你有呎燭測光表,則必須採取轉換成呎燭的額外步驟。)

1. 轉換莫耳/天為微莫耳/天→ 6× 1,000,000 = 6,000,000
2. 除以 24 小時期間內開燈的時數→ 6,000,000 / 12 小時 = 500,000
3. 轉換微莫耳/小時為微莫耳/秒→ 500,000 / 3,600 = 138.8 微莫耳/秒
4. 如果你有呎燭測光表,轉換微莫耳/秒為呎燭→ 138.8 / 0.2 = 694.4 呎燭

因此,為了達到 6 莫耳/天的每日光照量累積值,你可使用白色 LED 燈將植物頂端的光照強度設定為大約 700 呎燭或 140 微莫耳,並每天開啟 12 個小時。

指定光照	每日光照量累積值 (DLI)
	0　1　2　　　　5　　　　　　　10　　　　　　　15
全日照	
部分日照	
部分遮蔭	
遮蔭	
明亮的間接光照	
中度光照	
低光照	

| | | 太低 | 良好 | 極好 | 太高 |

| 20 | 25 | 30 | 35 | 40 |

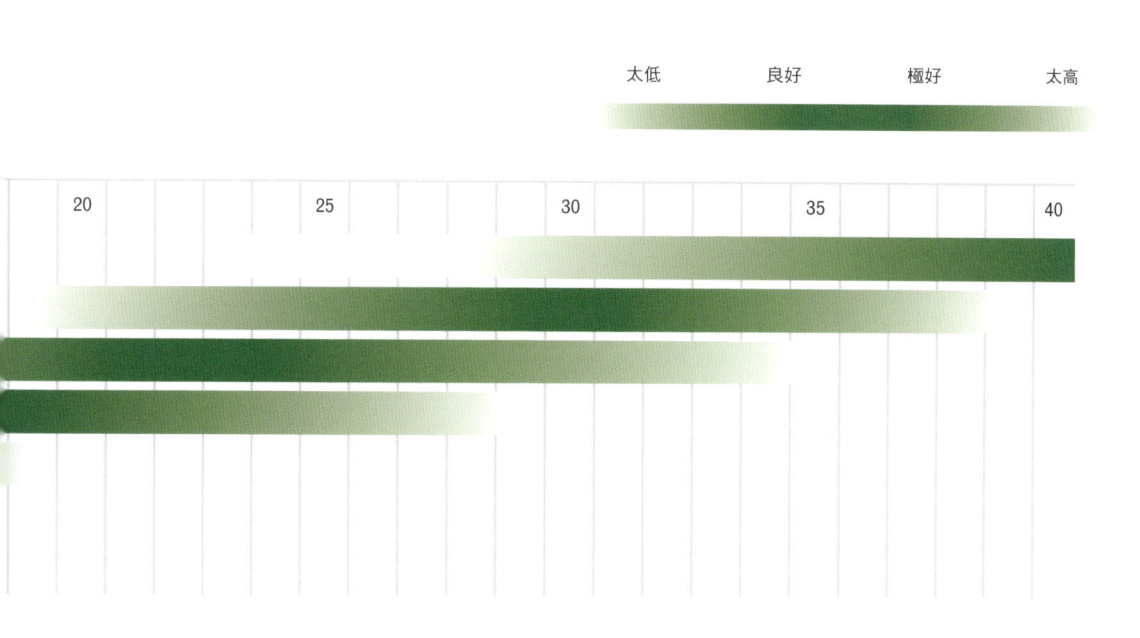

這是第35頁資訊的圖示。

第三章 土壤與養分管理

讓我們想想植物的根部接觸栽種基質（planting substrate）時會發生什麼事。以最一般的層面來說，栽種基質宛如每個顆粒周圍的薄膜般包覆住水分，讓水分可供根部利用；一旦這些顆粒吸飽了水，多餘的水分就會填滿周圍的孔隙或原本充滿空氣的間隙。如果容器有排水孔，那麼重力會讓一些多餘的水分流出盆外；而隨著時間過去，基質也會逐漸失去水分而完全變乾。有些栽種基質可以保留更多水分，需要更久時間才會變乾；而有些基質能留住的水分較少，也較快變乾。

土壤孔隙率（Soil Porosity）

　　典型的栽種基質是保水材料（如盆栽土〔potting soil〕*）與保水性較低的多孔材料（如珍珠岩〔perlite〕）的組合。這些多孔材料可以增加孔隙空間的百分比（孔隙率），並有助於防止土壤壓實（soil compaction）。土壤孔隙率會影響植物根部呼吸氧氣的能力，如果你的土壤過於密實（孔隙率低）使得根部區域的氧氣量較低，那麼根部腐爛的可能性就會較高——因為細菌容易在缺氧的環境中繁殖。另一方面，倘若土壤孔隙率過高，你會發現植物很難留住充足的水分，而且可能無法穩固地在土壤裡扎根。我為本書中所介紹的植物提供了一般性的基質混合物建議，而在幾乎所有情況下，你都需要在標準盆栽土中添加一些珍珠岩或樹皮碎片來增加土壤的孔隙率。

*我將其稱為「盆栽土」是因為，當你去到店裡購買室內植物的盆栽土壤時，十之八九會買到這種土壤（有時會更準確地被稱為「盆栽混合物」〔potting mix〕）。室內植物盆栽土通常不含土壤或是爛泥！大部分的組成可能是椰殼纖維（coco coir）以及／或者泥炭苔（peat moss），再加上若干珍珠岩以及／或者樹皮碎片。

（上圖）珍珠岩等較大的顆粒會讓栽種基質增加孔隙率。

土壤酸鹼值（Soil pH）

　　土壤成分不僅具備了結構性特徵（孔隙度），還具備了從酸性到鹼性的不同酸鹼值。植物在各種不同酸鹼值的環境中發育成長，對某種特定的植物來說，錯誤的土讓酸鹼值可能會導致它無法獲得所需養分。沒有單一種酸鹼值適合所有的植物，然而，倘若我必須為書中列出的大部分植物歸納出一項通則，它應該會是中性到微酸。測量酸鹼值是商業苗圃定期會做的一件事，但是身為業餘愛好者，我從不覺得真有這麼做的必要；如果你會不時地為你的植物換盆並確保你的土壤經常受到沖洗，土壤的酸鹼值即可保持在栽種基質的預期範圍內。

（左下）蜘蛛草（spider plant）的老葉尖端不可避免地會變成褐色，這不是什麼大事。

（右下）大約一個月前，我從這株龜背芋上剪下了插條，只留下一片葉子在藤蔓上；因此，這片葉子接受了所有的礦物質積累（這通常是由多片葉子共同分攤的累積物），從而導致葉尖快速變成褐色。但不必擔心，要不了幾週新葉就會長出，這片變褐的葉子即可功成身退了。

礦物質積累

不論你何時為你的植物澆水（除非你澆的是蒸餾水），水中的微量礦物質都會被轉移到土壤之中；經過反覆不斷的濕潤與乾燥循環，這些礦物質遂累積在土壤中，肥料裡的礦物鹽也會逐漸累積。某些礦物質的濃度倘若極高可能會對植物造成損害，因此，定期沖洗土壤可以減輕礦物質積累的負面影響（參見澆水章節中說明的沖洗技巧）。從長期來看，重新為植物換盆能有效地解決大部分礦物質積累的問題。

謹防植物完美主義。你可能很想使用蒸餾水並花上大量時間（以及水）來沖洗你的土壤，希望能徹底減輕所有葉子的毀損與瑕疵──別落入這個陷阱之中！切記，葉子的壽命有限，你的長期目標是促進新葉的成長。如果你把植物照護的重點全放在保持葉子的完美上，你會失望連連！使用你手邊可取得的最乾淨的水，偶爾沖洗你的土壤，並在每一片葉子不可避免地枯落時感謝它們的奉獻。當你的光照良好並配合澆水與施肥，新葉的數量將遠超過枯死的老葉。

保持植物健康的基本營養素

植物不可或缺的養分有 14 種，可大致分類為巨量營養素（macronutrient）（植物大量需要的營養素）以及微量營養素（micronutrient）（植物少量需要的營養素）。這是很好的資訊，以下就是這些營養素：

巨量營養素
氮、磷、鉀、鈣、硫、鎂

微量營養素
鐵、硼、氯、錳、鋅、銅、鉬、鎳

這些營養素極為重要，因為你的植物需要它們來建構細胞並維持功能。在大自然中，動物、昆蟲、真菌、微生物的活動讓植物得以利用其中的若干營養素，事實上，研究顯示植物會分泌出含糖物質來吸引真菌與細菌，以換取它們提供植物所需的營養素。然而，在室內的植物無法靠這些生物貢獻者來滿足其需求，這就是為什麼你需要為植物添加肥料。

植物在溫室中生長時看起來會如此「完美」的原因之一，是由於營養素與光照都經過精確的校準以符合其需求；而大自然中的植物反映出來的則是生長的不同條件與環境，因此展現出另一種截然不同之美。在叢林中的植物不會看起來像是「格格不入」，它們所呈現的形狀會告訴你「我們屬於這裡！」

氮磷鉀比例3-1-2的肥料

　　幸運的是，你為你的植物施肥時，毋須擔心這 14 種營養素是否齊備，因為幾乎所有的肥料都具備了氮磷鉀比例（NPK ratio）的特性，這項比例説明了氮、磷、鉀這三項主要巨量營養素的體積百分比（我會避免購買沒有氮磷鉀比例的肥料）；同時，肥料中如果含有其他營養素也會列出，但你毋須擔憂少了它們會影響到室內植物每天的健康成長。

　　誠然你也可以嘗試學習每種植物的最佳氮磷鉀比例，以下是你只需要 3-1-2 比例的原因。想想你栽種的植物類型：本書的重點在於栽種觀葉植物，我們最感興趣的是葉子，而氮是葉綠素中的關鍵組成，葉綠素最集中的地方就在葉子，因此，任何高氮肥料都有益於我們的觀葉植物生長。關於 3-1-2 比例，更明確來説，商業化生產觀葉植物的每種資源，都建議對幾乎所有室內植物使用這項比例。

　　氮磷鉀比例 3-1-2（或接近它）的任何倍數都行得通。你可能會看到以下這些比例：24-8-16、9-3-6、12-4-9、11-3-8，以及有著些微差異的變化版本。注意數字愈大並不代表肥料愈強，只是意味著配方的濃度愈高。你應該遵循包裝上列出的混合説明來加以使用。

　　大部分的肥料都是以粉末、結晶或液體的形式販售，你可以遵循每夸脱或加侖添加量的指示，將其倒入灑水壺中攪拌。然後，當你為植物澆水時，也同時為它們提供了養分。每當我為我的植物施肥時，都是以高濃度液體肥料為它們澆水；我用移液管將肥料添加到澆水壺中，然後在壺中裝滿水，即毋須再進一步混合了。

　　最近我在試驗可以直接放進土裡的緩效性（slow-release）肥料。我使用可以混合到土壤與蚯蚓糞中的肥料顆粒，也可以在換盆時混進土壤之中。使用顆粒形態的概念是，每當你澆水時，就會有些許的肥料從顆粒中被溶濾、釋出以供應植物所需。到目前為止，我對顆粒肥料的效果相當滿意。

（左上與右上）液體肥料必須被稀釋到你的澆水壺中，確定你有遵循指示進行混合。

（下圖）緩效性肥料：淡黃色的小顆粒被混入基質中，並在每次澆水時釋放出少量的肥料。

第四章 澆水：一項宇宙通則

我們都習慣於遵循那些有關澆水的具體說明，指示我們應該多常為不同類型的植物澆水。然而，當我審視商業觀葉植物的生長指南時，我發現他們提供了光照水平與施肥分量的具體建議，卻並未提到澆水頻率。這是因為當光照水平、土壤結構與養分都在可接受的參數範圍內時，澆水必須根據可觀察到的土壤乾燥程度，而非根據植物類型的特定頻率。藉由這項方法，你毋須記錄何時該澆水，只需去觀察並感覺土壤以確定其乾燥程度，然後決定澆水與否即可。你可能會制定出你的澆水時程表，但這項時程表是根據土壤以可預測的頻率達到適當的乾燥程度而定。

（右頁）觀察土壤的乾燥程度，是明白何時該澆水的關鍵。

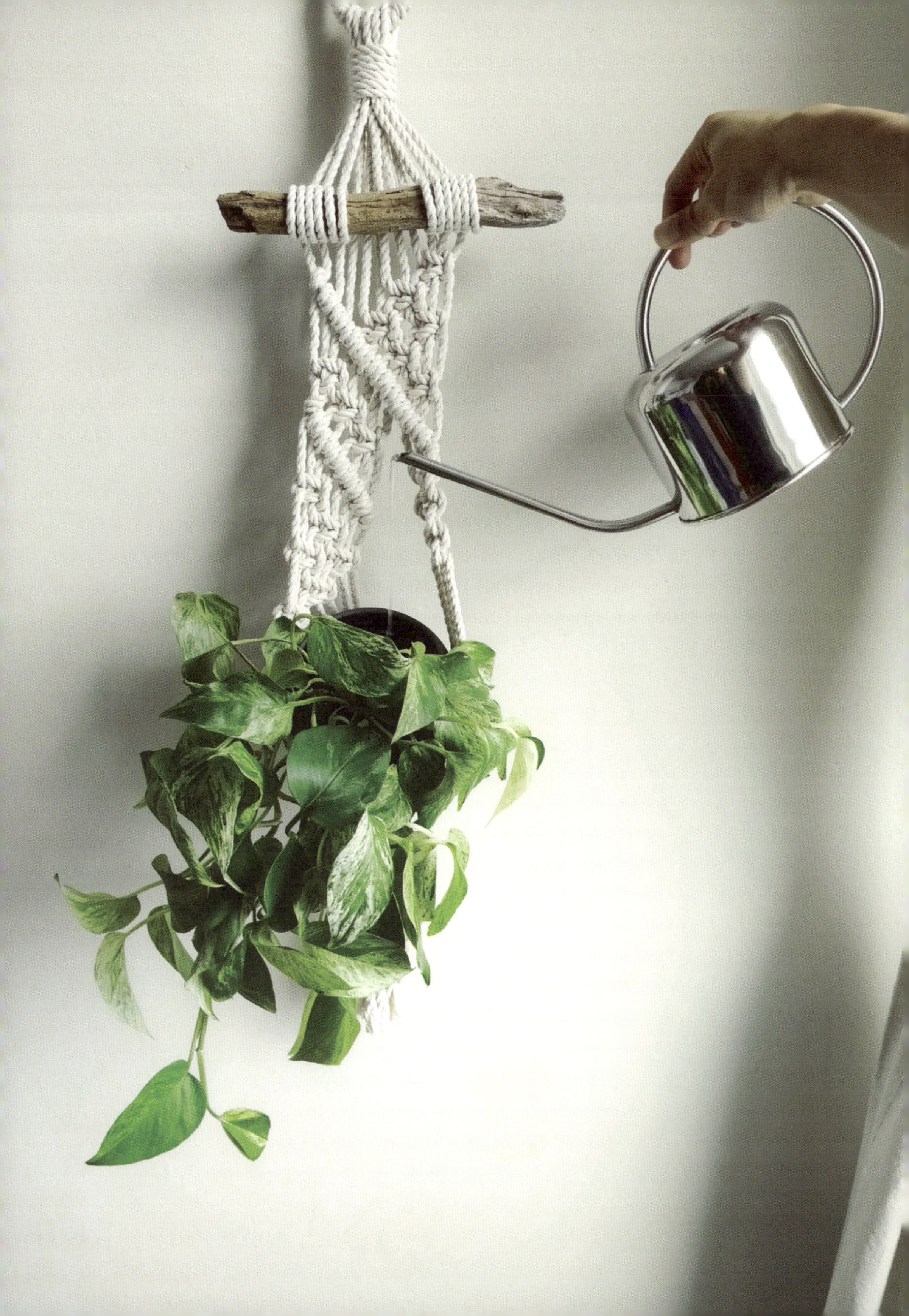

澆水要先觀察的是土壤乾燥程度

我們似乎很喜愛「每種植物都有不同需求」這樣的想法。然而，這就是通往混淆困惑的迷途；我們從植物的類型開始思考，然後規定出澆水的頻率，接著，我們會開始列出例外：

「我該多久給虎尾蘭澆一次水？」

「大約2～3週一次，但倘若光照充足，可以每週澆水；不過在冬天，可以不用那麼頻繁。」

問題在於，我們很想為特定的植物制定特定的澆水時程表。你的問題應該是：「我應該在土壤乾燥到什麼程度時為虎尾蘭澆水？」說起來有點拗口，但這正是你應該思考關於澆水的方式。

讓我們來測試一下這個想法：「在虎尾蘭的土壤完全乾燥時為它澆水。」如果植物坐落在一扇巨大的凸窗前，每天可以接收到數小時的直射陽光，那麼土壤可能經過幾天就會完全變乾；如果植物的位置與窗戶有一段距離，土壤可能要好幾週才會完全變乾。你會經常聽到的說法是，冬天應該少澆水，因為冬天的光照較弱；然而，冬天的空氣也比較乾燥，這使得水分較快蒸發，也較快被用罄。如果你只需觀察土壤，然後等待它「完全變乾」作為澆水時機的提示，你就毋須把環境因素納入某些複雜的計算當中，只需評估土壤並決定是否該澆水了。

我將從土壤的乾燥度出發，為本書中的每種植物提供澆水的說明。

何時澆水

你只需分辨出幾個土壤濕度的水平作為澆水時機的提示。你可以用手指或筷子來探測土壤的濕度，過些時日之後，你將學會舉起花盆即可估計額外的水分重量。濕度計（moisture meter）通常可顯示 8～10 個介於乾濕之間的層級，但它並非一項必要的儀器。每種植物都可歸屬於以下的三個類別之一：

（上圖）鐵線蕨（Maidenhair fern）（左圖）與某些竹芋（右圖）喜愛保持濕潤的土壤。

「保持均勻濕潤」

對於適用這項澆水策略的植物來說，當土壤比飽含水分的程度略乾時，就可以澆水了。以一個小型的苗圃塑膠盆來說，你每隔幾天就可以舉起盆子來檢查其重量的變化。

「局部變乾時澆水」

對於這種植物來說，澆水時間的提示是在土壤有些乾燥的時候，約莫有 50～70% 的土壤變乾。大部分以盆栽種的熱帶觀葉植物都會欣然接受你使用這項澆水策略。

「完全變乾時澆水」

這項澆水策略建議你在植物的土壤完全變乾時，再為它澆水。大多數仙人掌與多肉植物都屬於這個澆水的類別。當土壤達到完全乾燥的程度時，你就可以澈底、充分地澆水，讓水分完全浸透土壤——可別只澆幾滴水呀！

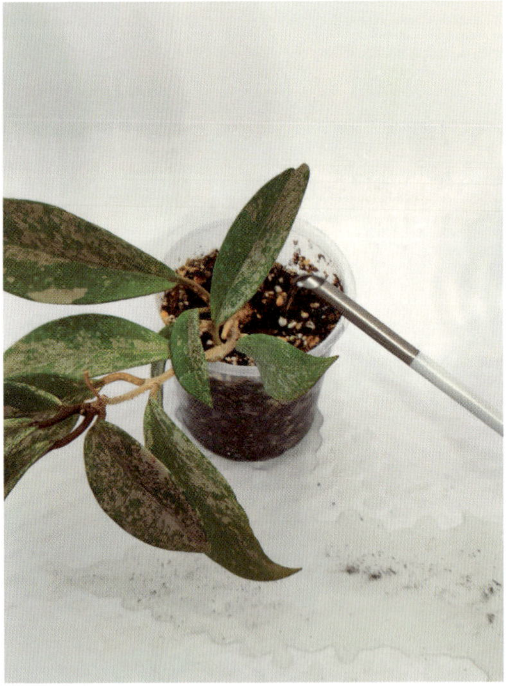
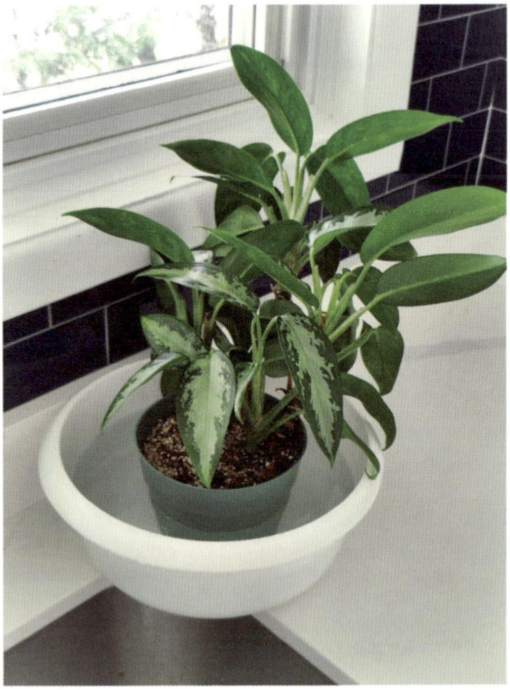
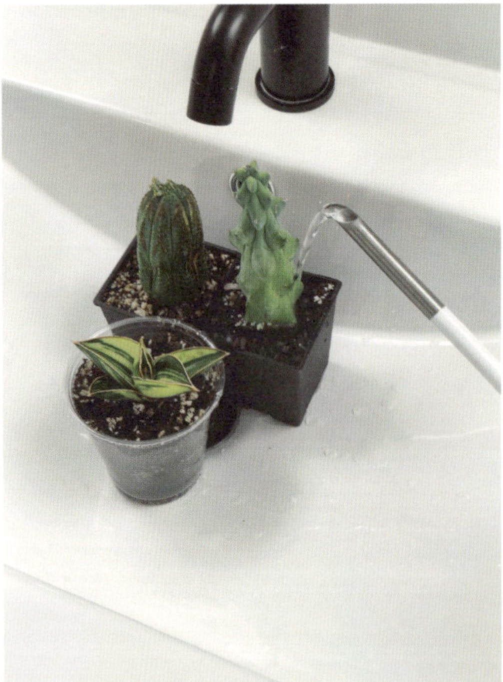
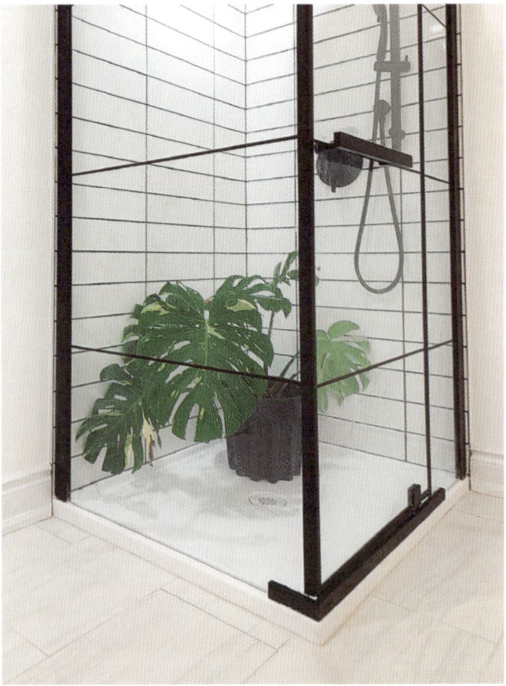

如何澆水

快速澆灌

如果你的植物很多但時間有限，你可以給每株植物澆灌少量的水，讓土壤達到「微濕」的程度。我不會一直用這個方法來澆水，因為土壤不均勻的濕度會留下乾燥的小區塊，長在這些小區塊中的根部與對應的葉子都可能會相繼枯死。

澈底澆水

這是當你澈底給栽種介質（planting medium）澆水，直到你澆入的任何額外水分都會立即從排水孔流出的程度，這時，土壤會被視為「完全飽和」。這種澆水方式在水槽或淋浴間執行最有成效，但如果小心一點，你也可以在任何地方進行。當水開始從花盆底部的墊盤溢出時，使用廚房的烹飪滴管會很有幫助。

底部浸水

這個方法是你把花盆（通常是苗圃附有排水孔的塑膠育苗盆）放在一盆水中，讓水透過排水孔浸入盆栽介質（potting medium）中。根據你的土壤特性、水盆深度，以及浸泡時間，土壤通常會達到約莫介於略微濕潤與完全濕透之間的濕潤狀態；底部浸水是一種溫和的澆水方式，但無法像從頂部澆水（top watering）般促進氧氣的交換或礦物質的汲取。

土壤沖洗

你不妨將土壤沖洗視為一種超級澈底的澆水方式。經過重複的澆水循環之後，植物的土壤可能會開始累積來自肥料、甚至水分本身的礦物鹽。沖洗可以讓這些礦物質從土壤中排放出來，理想情況下，你可以在水槽或淋浴間進行土壤沖洗；倘若你的植物被栽種在一個有排水孔的容器中，而且你的水龍頭夠高，你就可以將一道水流徐徐注入土壤之中好一會兒。你也可以用澆灌的方式來進行。我不會在每次澆水時沖洗土壤，或許一個月一次。儘管你可能很想一直為土壤進行沖洗，試圖預防葉子的尖端變成褐色，但別浪費你的時間了（還有水）！切記，葉子的壽命有限，而且還須將最終的蒸發痕跡與礦物質積累的附帶損失考慮進去。沖洗土壤會沖刷掉水溶性的營養素，因此，我最後還會在水中加入肥料來為植物澆水。

（**左頁上排**）快速澆灌（左圖）與底部浸水（右圖）。

（**左頁下排**）水槽或淋浴間可用來進行澈底澆水與土壤沖洗。

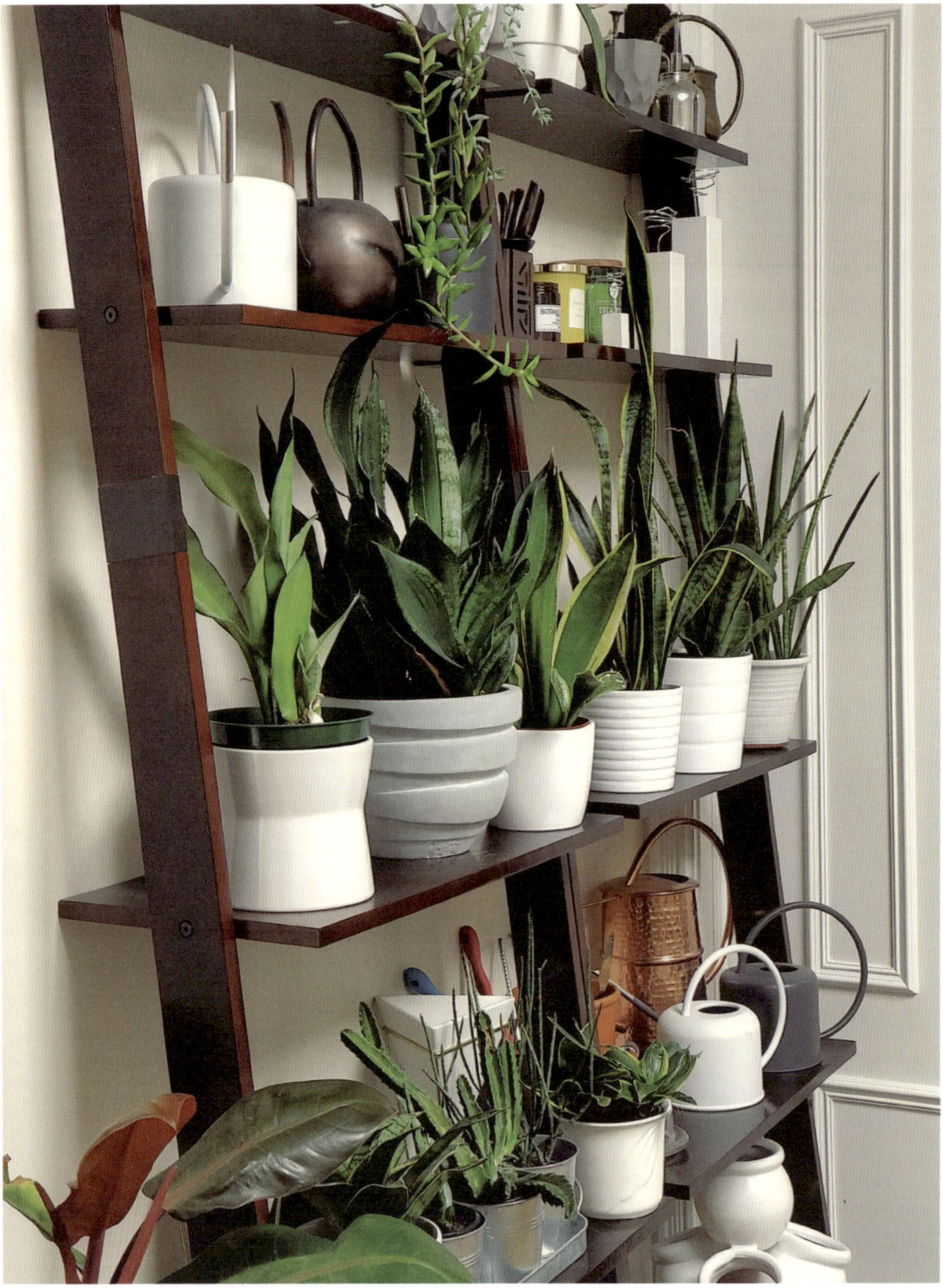

過度澆水：一個糟糕的觀念

如果你擔心對植物「過度澆水」，那麼你或許會認為，如果你給植物少澆點水，它就會長得很茂盛、綠意盎然。但是，倘若你的土壤從未完全乾透、植物的根部正在腐爛，少澆水也解決不了這項問題；根部腐爛往往是由於植物沒能獲得足夠光照，同時根部的土壤過於密實所致。一株植物倘若被置放在黑暗的角落且無法進行光合作用，不論你多麼小心地為它澆水，它都無可避免地會讓你失望。

使用自來水

當你栽種的植物種類越來越多時，你會開始聽到有關自來水中的氯會如何傷害植物的警告。常見的建議是讓自來水靜置一夜，讓水中的氯消散。但我並不樂見你因為前一晚忘記在灑水壺中裝滿水，而延遲為一株乾渴的蕨類植物澆水！

沒錯，氯的累積可能會導致葉子變成褐色，有些植物比其他植物對氯更為敏感、更易受影響，而且每個地方的自來水中含氯量亦不盡相同。我只是認為你不該浪費精力在擔心那些你無法控制的事物上，而自來水中的化學物質肯定是其中之一。你不妨把精力放在完善你的光照與施肥上，並試著使用自來水一段時間；你或許會發現，葉子的汰換率尚屬你可接受的範圍。

我自己使用自來水的理念與物競天擇的原理不謀而合。也就是說，我的水龍頭流出來的水，就是我的植物會喝到的水；能夠適應這種水且長得好的植物，就能夠存留下來。而那些會受到不良影響且程度嚴重到不再適合觀賞的植物，就只能被棄置。我不需要擁有每一種植物，你也不需要。

當然，你絕對可以使用蒸餾水或逆滲透水。比之使用含氯量高的自來水，有些植物的葉子維持美觀外型的時間會更久。然而要謹記的是，無論你使用什麼水，所有的植物都有其生長與腐朽的自然循環。

（左頁）我對所有這些虎尾蘭都採行了「土壤完全乾燥時再澆水」的策略。

第五章 室內的配置

在家收集植物的訣竅在於，在適合你與你的生活空間，以及適合植物所需與植物的生長空間這兩者之間，找出適當的平衡。如果你與其他人一起住在一個空間不大的公寓中，你可能需要限制自己擁有的植物數量以便保持空間悅目美觀。如果你喜歡坐在窗邊做日光浴，你可能必須與你的植物分享這個空間；如果你的空間沒有太多自然光，那麼你會需要學習如何運用植物生長燈。

如果你想為需要高濕度的植物創造出最理想的環境條件。你可以設置一個溫室陳列櫃（greenhouse cabinet）；如果你有額外的儲藏空間，可以設計一個專門的生長帳篷（grow tent），但你會變成是去看望植物，而不是跟植物生活在一起。倘若你有戶外空間，一個業餘嗜好溫室（hobby greenhouse）就能容納你收集的所有植物。

你可以從那些能在你現有環境的自然光照下茂盛成長的植物開始收集。不妨考慮使用測光表以及本書中關於光照的章節，來進行自然光照的評估。一旦你能充分了解直射陽光的持續時間以及來自窗戶的間接光照範圍，你就能專注於生長良好的植物種類，以及在不添加植物生長燈的情況下，它們需要距離窗戶多近才能生長得好。

（右頁）滿滿一櫃適合收集的花燭屬植物。

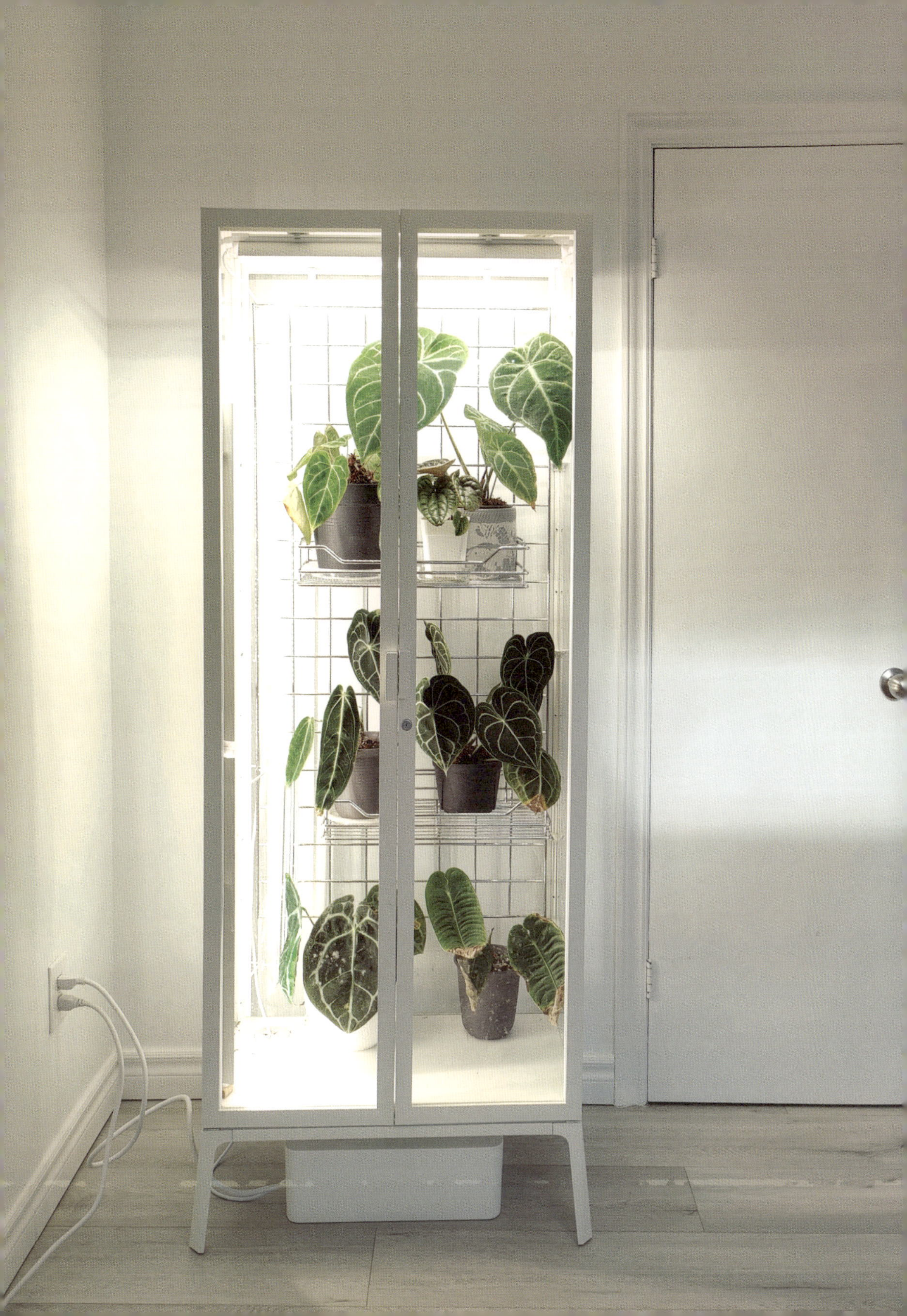

植物架

如果你想讓你的植物接觸到最大量的自然光,而且你的植物都是相對小型的盆栽(六英寸或更小的花盆),那麼你可以把它們放在架子上,將它們抬高到窗臺的高度。堅固的玻璃架可以讓光線照射到低層的架上,不會遮住太多窗外的視野。

（左頁）一個帶有開放式層架的櫥櫃稱為「格架」（étagère）。可調整的層板不但可創造視覺趣味，還可適應不同的植物高度。

（上圖）這個植物架取代了我的百葉窗。

（右圖）光照來自天窗的梯架。

室內觀葉植物收集日誌

植物生長燈

　　白光 LED 技術使得在人造光源下栽種植物變得簡易可行，而且經濟實惠、選擇多樣，從價格低廉、可彎曲的燈（輕薄到能被架設在任何地方）到安裝了 T5 與 T8 長形燈管的較堅固燈具（可為更寬闊的表面提供均勻的光照）都有。小型多肉植物的熱愛者偏好後者的這類裝置，可以讓他們在一個小區域內安放許多植物。即使是沒有窗戶的角落，也可以用生長燈來提供光照：一個功率強大的植物生長燈（一天 12 小時提供約 200 呎燭的光照）即可讓一批熱帶觀葉植物獲得充足的光照。由於不同情況下的產品選擇不勝枚舉，你可能會想要針對自己的特定需求做些研究——可以從我在 houseplantjournal.com 網站上關於植物生長燈的貼文開始。

（左圖）LED燈的重量輕且散發的熱量極少，因此很容易安裝在架子上。我母親的新家沒有天窗，因此我幫她在每層架子下方都安裝了白色T5的LED生長燈。

（右圖）在冬季的幾個月份中可以用更便宜的夾燈來補充光照，因為夾燈的輸出功率較低，適合近距離照射小型植物。圖中在夾燈照射下的植物接收到大約800呎燭（160微莫耳）的光照。

溫室陳列櫃

更進一步的環境控制就是組建一個宜家（IKEA）的溫室陳列櫃，用這種方式來栽種喜愛潮濕的天南星科植物極受歡迎。白色LED生長燈可以很容易被安裝在櫥櫃的任何地方，同時小型風扇可以提供不可或缺的空氣流動。(事實上，任何玻璃櫃都可以是一個「宜家溫室陳列櫃」，使用宜家陳列櫃的唯一好處是，有許多線上資源向你展示運用特定宜家模型的妙方，告訴你如何組建它們來栽種植物。)

（上圖）要知道你的植物是否獲得充足（或是太多）光照，唯一方法就是測量它。這些球蘭非常滿意一天12小時500呎燭的光照。

室內觀葉植物收集日誌

（左上）三個T8的LED燈被安裝在溫室陳列櫃中。

（右上）良好的擋雨封條可以密封縫隙。只要盆栽基質潮濕，即便沒有加濕器，仍然可以輕鬆保持高濕度。

（右圖）改造成迷你溫室的玻璃陳列櫃，在LED燈與迷你風扇的幫助下，打造出精彩的展示空間與控制完善的環境。

生長帳篷

如果你很幸運地擁有大量的額外空間（地下室就很合適），可以考慮搭建一座生長帳篷。牆壁通常會襯以聚酯薄膜，一種高度反射的表面，旨在最大限度地減少光照損失。你會需要白色 LED 燈與風扇來保持空氣流通，加濕器也很有幫助。帳篷有多種尺寸，包括或不包括 LED 燈與風扇在內。你會想要仔細規劃並研究你的選項。

（左上）提姆的生長帳篷設置的三層架，讓空間擁擠到幾乎滿溢出來。

（右上）布萊恩尚未完工的地下室，讓他得以使用其中的一大部分來建造一座生長帳篷，種滿稀有的天南星科植物。對於未完成的混凝土地板來說，潑濺些水並不是什麼大問題。

業餘嗜好溫室

　　這是最極致的家庭種植空間，就像擁有一個小的商業溫室。當然，除非你生活在熱帶地區，或者你可以為溫室供暖，否則，你無法一年到頭都使用你的溫室。根據你所收集的植物，你可能需要考慮得濾除多少陽光。大部分的家庭溫室會使用塑膠板來分散陽光。如果你栽種的大部分是多肉植物與仙人掌，光是陽光的擴散板就能發揮良好作用；至於天南星科植物與其他低光照植物，一塊額外的遮陽布就能為它們帶來莫大助益。

（上圖）艾莉森（Alison）的溫室面朝南，並且幾乎沒有任何障礙物。因此在夏天，屋頂會鋪上一塊遮陽布以控制光照水平。這是天南星科植物的天堂！

Part II
可收集的室內觀葉植物

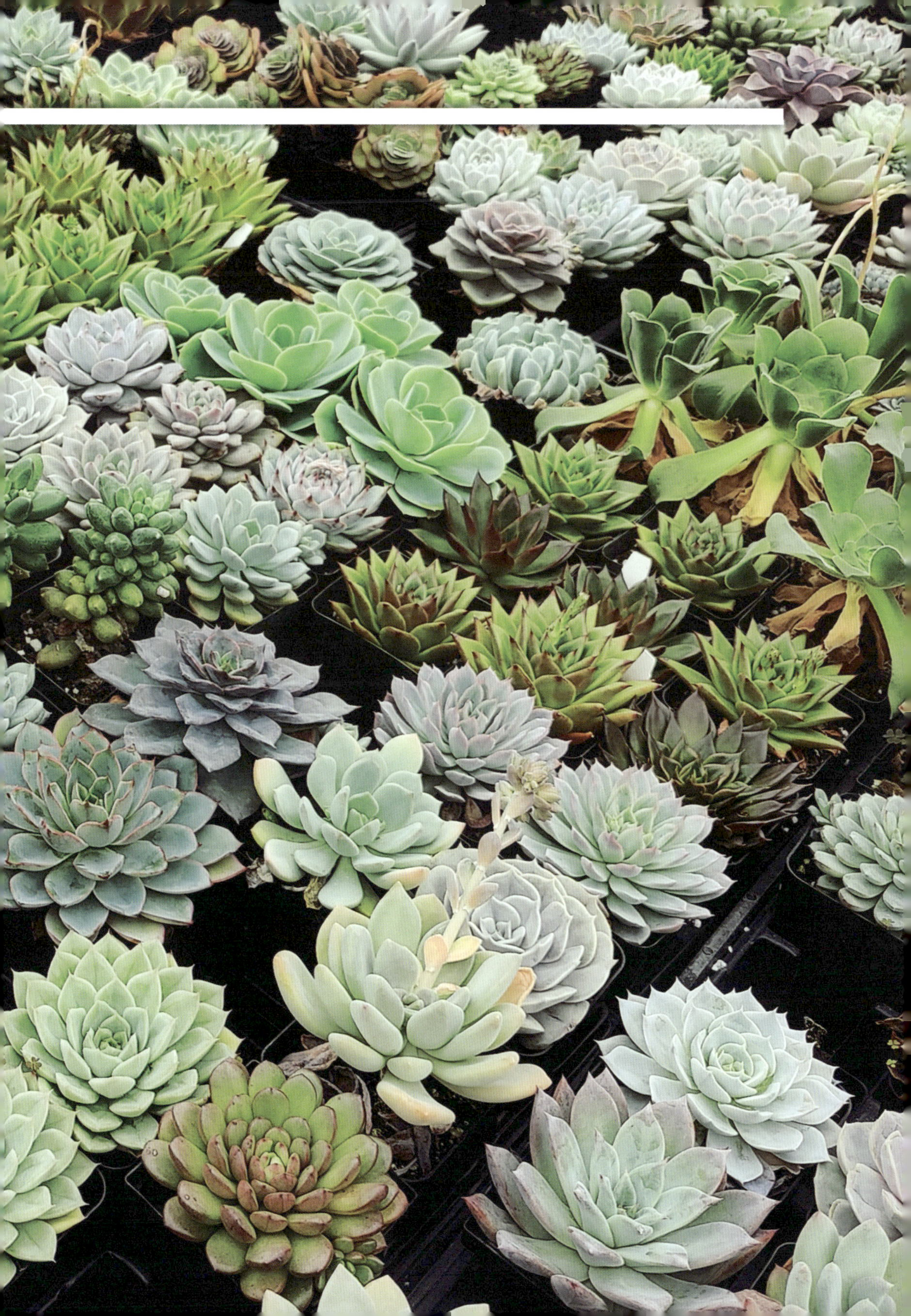

粗肋草

數十年來，粗肋草一直是「典型」的室內觀賞植物。翻閱任一本居家裝潢的舊雜誌，你可能會發現一盆「美少女」粗肋草（*Aglaonema* 'Silver Bay'）為黑暗的角落增添不少光彩。但在現實生活中，它不可能在黑暗角落中長得好；儘管粗肋草經常被吹捧為在「低光照」中仍可茂盛生長的植物，但除非一天大部分時間中的周遭環境光照水平可以高於100呎燭（20微莫耳），否則你不會看到太多生長的跡象。這樣的光照水平，距離窗戶並不如你所想像的那麼遠！

你在植物商店找到的各種種類的粗肋草，都具備了有趣的葉子圖案，其中有許多是種植者從一種以上的品種中培育出來的雜交種。箭羽粗肋草（*Aglaonema nitidum*）、白斑粗肋草（*A. commutatum*）、心葉粗肋草（*A. costatum*），以及圓葉粗肋草（*A. rotundum*）都是用來培育新雜交種的常見品種。

順帶一提，具備了商業價值的雜交種會被賦予商品名稱，命名形式為「屬」+「雜交名」；而由一個品種培育出來的植物則被稱為栽培種，命名形式為「種」+「栽培名」。因此，舉例來說，在本章節中所示的粗肋草，「亞曼尼」粗肋草（即「粗肋草」+「亞曼尼」）（*Aglaonema* 'Anyamanee'）是雜交種，而「三色」迷彩粗肋草（即「迷彩粗肋草」+「三色」）（*Aglaonema pictum* 'Tricolor'）則是栽培種。（植物品種的學名都是由「屬」與「品種」組合而成：如此一來，你就知道迷彩粗肋草是粗肋草屬中的一個品種；而在同一屬的植物列表中，屬名經常會被縮寫為其第一個字母以節省空間，譬如 *Aglaonema pictum* 'Tricolor' 縮寫為 A. pictum 'Tricolor'。）

（**右頁**）有些粗肋草雜交種的特色是鮮豔的粉紅色斑塊，譬如「亞曼尼」粗肋草（右方）。

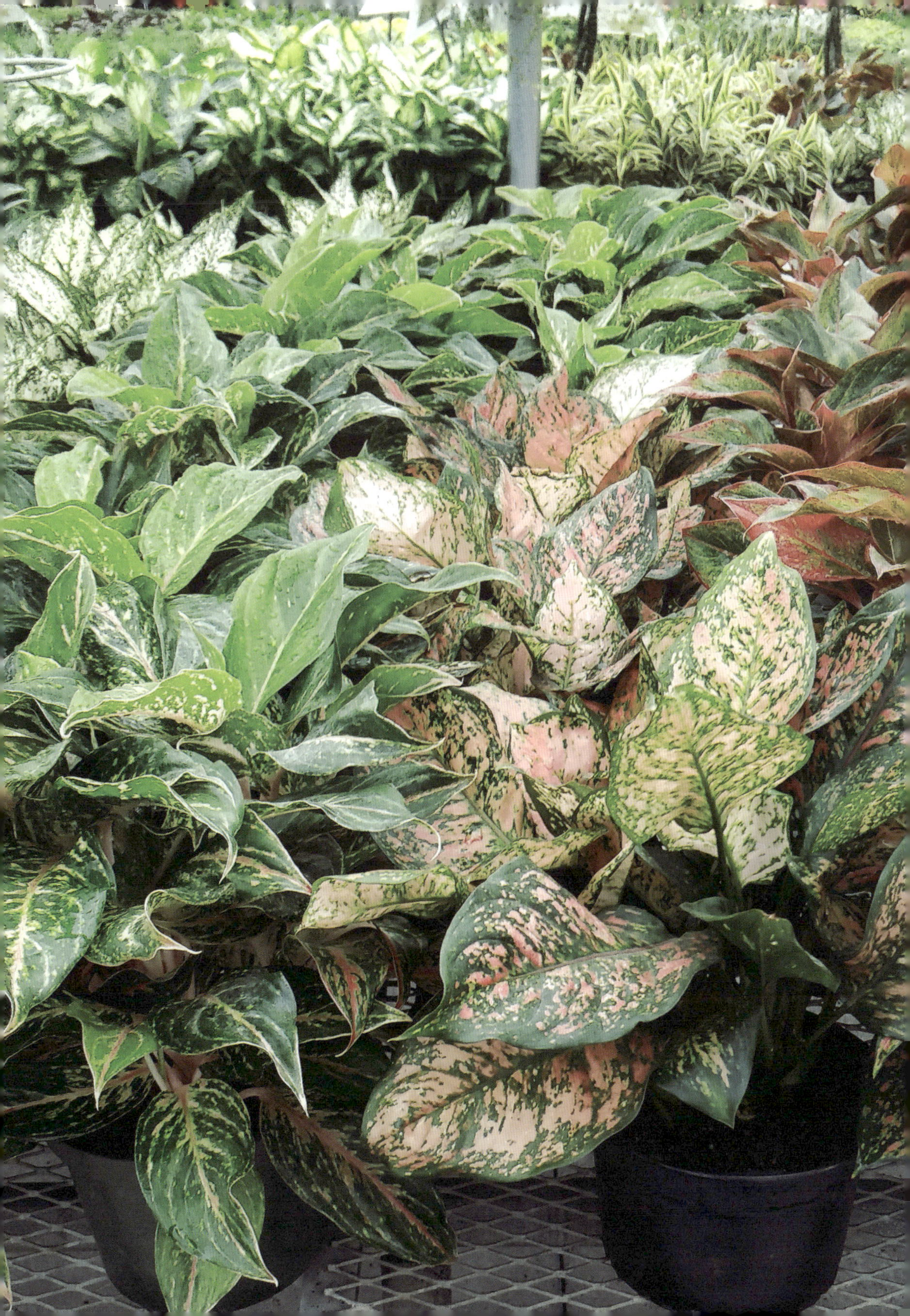

周遭環境

自然光：如果你的平均間接光照在 100 呎燭（20 微莫耳）以上，你的粗肋草應該會長得翁翁鬱鬱、相當茂盛，但它在 400～800 呎燭（80～160 微莫耳）範圍的光照下會表現得更好。如果澆水量充足，粗肋草可以耐受 1～2 小時的直射陽光。如果陽光直射時間較長，可利用白色紗簾來分散陽光。

生長燈：如果你適度地使用生長燈設備，讓粗肋草在生長燈下接受一天 12 小時至少 200 呎燭（40 微莫耳）的光照，相當於每日光照量累積值 1.7 莫耳／天，就能長得很好。

苗圃光照：粗肋草在 90% 的遮蔭度下培育出來，亦即一天中大部分時間約莫 1,000 呎燭的光照。

溫度與濕度：粗肋草在每天溫度保持於攝氏 21～29 度（華氏 70～85 度）的範圍中生長良好。大部分粗肋草可以在平均室內濕度（40～60%）下生長良好，但有些則偏好略高一些的濕度（60～80%）以保持葉子的最佳狀態。

付出心力

澆水：雖然粗肋草能耐乾旱，但如果在土壤部分變乾時澆水，它們會長得最好。當土壤完全變乾時，儘管在較大型植物上的主莖仍舊保持挺立，但葉子會下垂枯萎。如果你可以避免在兩次澆水之間讓土壤完全乾透，植物會表現得更好。

施肥：氮磷鉀比例 3-1-2 的肥料最合適。

基質：標準盆栽土壤（2～3 份）添加一些珍珠岩或樹皮碎片（1 份）。如果預期的光照水平較低，可使用更多排水材料。

期待成果

在良好的光照與施肥的情況下，植物頂端應可維持一組光鮮的葉子，儘管不同栽培種的粗肋草有著略微不同的生長模式。「三色」迷彩粗肋草有迷彩圖案的葉子，在生長過程中往往只會保留很少的葉子，使得它在長高時的葉量看起來相當稀疏。當你希望植物更疏密有致時，你可以在頂端部分進行空中壓條（air layer），或者乾脆將其切下，讓它在水中或水苔（sphagnum moss）中生根；莖可以被切成一段段，放進密封在容器中的水苔裡。新的生長點將會出現，形成新的植物；有些粗肋草很容易長出幼芽，你可以將它們分開並單獨種在盆栽中，或者留下來跟母株一起形成枝葉更形茂密的外觀。

可收集的粗肋草種類

（左上）圓葉粗肋草（*Aglaonema rotundum*）較為少見。

（右圖）左上：「美少女」粗肋草，左下：「春雪」粗肋草（A. 'Spring Snow'），右：「瑪利亞」粗肋草（A. 'Maria'）。

（左下）「三色」迷彩粗肋草是讓人很想收集的植物。

與「銀禧」粗肋草（*Aglaonema* 'Jubilee'）共度的兩年

第 1 天

一位朋友買了一株大型的粗肋草（不是「銀禧」），而這株「銀禧」粗肋草的幼苗剛好藏在它的花盆裡。我將幼苗從盆中取出，展開我自己的這趟旅程！

1 個月

窗邊的空間已滿，所以我安裝了這個通常用於零售展示的金屬網格作為植物架。植物在這個位置可以獲得一天12小時約莫400呎燭（80微莫耳）的光照，長得相當好。我每次澆水時也都會使用氮磷鉀比例3-1-2的肥料。

3 個月

看來像是我們已經找到了葉子汰換的平衡點：這一輪的新葉伴隨著下方數片葉子的掉落而出現。換盆有望讓植物一次留住較多葉子。

在這一年當中，這盆植物冒出了兩株幼苗，於是我將它們保留在盆中，讓整株植物的枝葉看起來更茂盛。

在母株下方的兩株幼苗，幫忙從正面遮住了母株下方光禿的莖幹。

1 年

在這段期間，我和我的妻子搬到一間新的公寓，有著好些相當宜人的大窗戶。這株植物占據了一個絕佳的位置：在一扇面朝東的窗戶第一排，每天可以接收到約莫2小時的直射陽光與400～600呎燭範圍（約80～120微莫耳）的間接照明。

1 年 8 個月

一朵花出現——我的植物正在經歷植物的開花期！有些栽培指南會建議把花朵剪掉，以便讓植物將能量集中在葉子上，但我發現觀察花朵的生長與凋謝十分讓人著迷。

2 年

這是經過大約兩年之後最老的莖幹，帶著過去的葉子痕跡；然而，莖幹有著長出新根的所有必要組織，倘若我決定這根枝芽太高，可以剪下一根插條，讓它生根並種入盆中。被切斷的殘株還可以長出新的枝芽，等到新枝芽長成時，整株植物就會更加蓊鬱蔥翠。

室內觀葉植物收集日誌

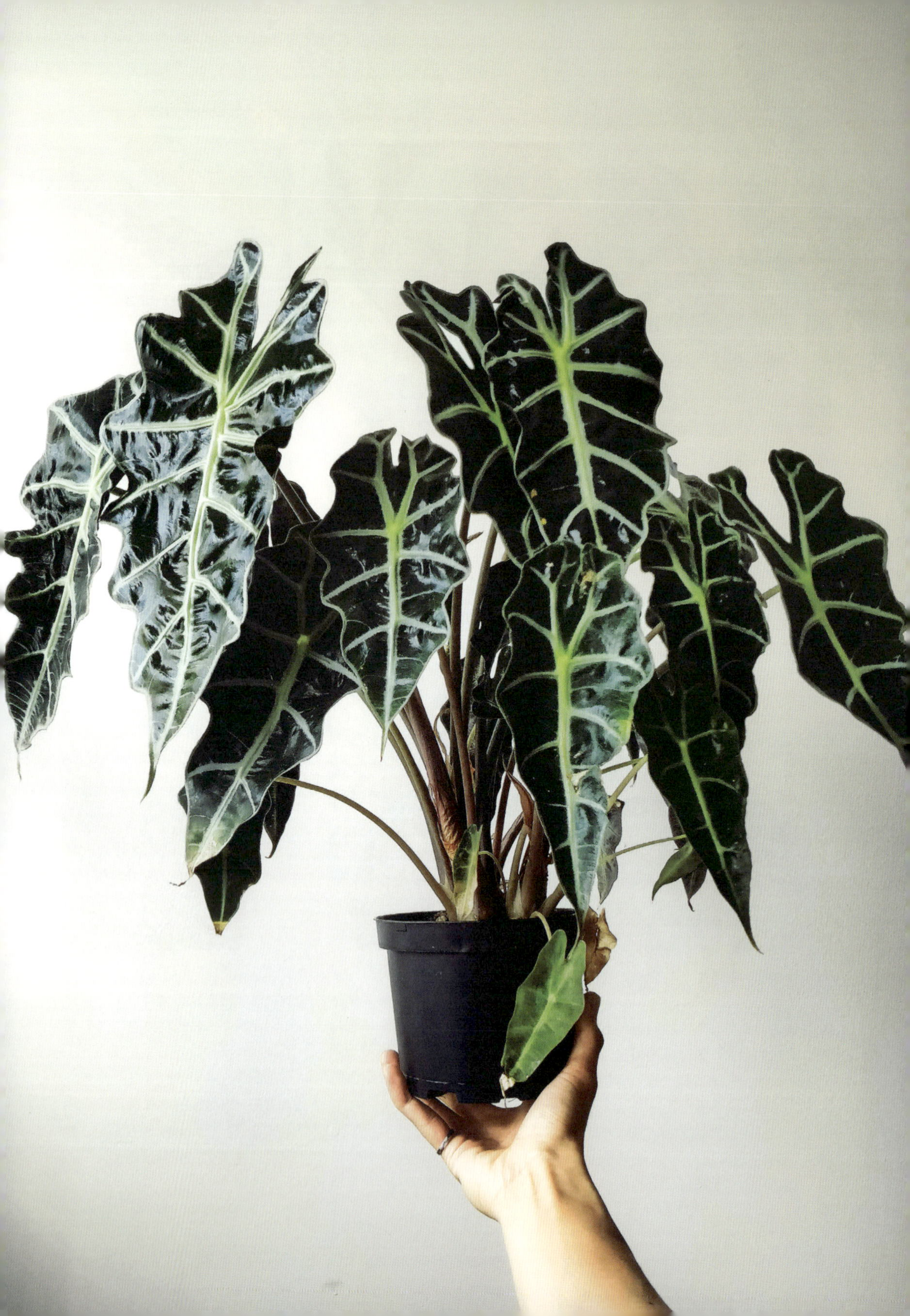

姑婆芋

當我剛開始踏上這趟植物之旅時，聽到許多關於姑婆芋的負面評論。沒錯，姑婆芋的葉子非常吸引人，但這種植物似乎具備了完美風暴的特性，尤其是在大部分室內空間中葉子汰換的可能性極高，使它成為一種「不易」擁有的植物類型。你入門的姑婆芋種類可能是「亞馬遜」觀音蓮（Alocasia 'Amazonica'），有著深色光澤的葉子與對比鮮明的葉脈。

就連葉子的背面都很有趣，細密的紋理脈絡讓人聯想到郊區的行車圖；葉子的形狀宛如一面外星人的盾牌，喚起了我內心的電玩魂，聯想到遊戲中的升級。挑戰是：在典型的室內空間中極難找到栽種姑婆芋的理想環境條件，換句話說，姑婆芋對光照與溫度的要求極高！這種植物的生命週期（在特定情況下）可能會讓一名新手收集者大吃一驚，尤其在經歷過植物的枝葉完全枯死、一片不留的情況下。繼續讀下去，就能更深入地了解植物生長良好所需的環境條件，以及對植物的生命週期應抱持什麼樣的期待，而不再驚慌失措！

（左頁）在市場上出售的姑婆芋，最常見的種類之一就是美葉觀音蓮（A. sanderiana）與大王觀音蓮（A. watsoniana）的雜交種。由此培育出來的雜交種被命名為「亞馬遜」觀音蓮，以它發源的苗圃〔佛羅里達州邁阿密的亞馬遜苗圃（Amazon Nursery）〕而得名。

周遭環境

自然光：確保一天中大部分時間都能提供 200～400 呎燭（40～80 微莫耳）的間接光照。除此之外，如果植物也能獲得 2～3 小時的直射陽光，那就太好了。

生長燈：將照明安裝在植物可接收到一天 12 小時 1,000 呎燭（200 微莫耳）光照量的高度，亦即每日光照量累積值為 8.6 莫耳／天。

苗圃光照：被指明為需要「部分日照／部分遮蔭」光照的姑婆芋，有時被用在景觀種植上，這表示它們首選的每日光照量累積值範圍介於 10～30 莫耳／天。在苗圃中，50% 遮光效果的遮陽布可以在一天中大部分時間將陽光分散至約莫 5,000 呎燭。

溫度與濕度：姑婆芋在較高的溫度（攝氏 22～29 度或華氏 72～85 度）以及平均室內濕度（40～60%）下生長良好。你會注意到在稍冷的溫度下，枝葉枯死的現象出現得較早，這在自然環境中預示著冬天的到來。

付出心力

澆水：當葉子生長活躍時，最好能讓植物保持在濕度均勻、光照良好的環境下；光照水平較低時，你可以將澆水時間拉長些，在土壤大約半乾時再澆水，但別期望會看到植物出現驚人的成長。

施肥：氮磷鉀比例 3-1-2 的肥料、液體肥料或緩效性肥料都可行。

基質：標準盆栽土（3～4 份），添加一些珍珠岩或樹皮碎片（1 份）。如果預計光照水平較低，可使用更多的排水材料。

期待成果

姑婆芋被售出時會有多達三株根莖以及成熟飽滿的葉子，到了這時，幼葉可能都已褪落。光照充足的情況下，在你開始看到老葉相繼枯死之前，應該會有更多的新葉冒出。如果你的溫度經常落在較冷的範圍中（比如攝氏 19～22 度或華氏 66～72 度），你可以預期會看到大部分的葉子（如果不是全部）一片片地相繼枯死；若是這種情況發生，毋須驚慌，只需將植物的底部換盆，放入新的土壤，並試著讓它保持溫暖，如果可能的話，保持在大約攝氏 25～29 度或華氏 77～85 度下，並確定基質保持著均勻的濕度。如此一來，可能會觸發新的成長。球莖也可以被分開並種入潮濕的水苔中，保持高濕度以促進發芽（球莖是附著在植物根系〔root system〕上的小球狀物）。你會擁有幾株一開始很幼小的新植物，但隨著新葉的出現，原來的葉片也會逐漸變大。

（左圖）我從尚未放入盆栽的姑婆芋根部移除了一個球莖。

可收集的姑婆芋種類

（左上）「魟魚」蘭嶼姑婆芋（*Alocasia macrorrhiza* 'Stingray'）——顧名思義，葉子形狀具備了翅膀與尾巴等特徵。

（右上）看到「魟魚」出現了一片新葉讓人好興奮！

（右圖）「龍鱗」蘇丹觀音蓮（*Alocasia baginda* 'Dragon Scale'）。

室內觀葉植物收集日誌

（上圖）銅葉觀音蓮（*Alocasia cuprea*）：葉片的紅銅般紋理看起來宛如外星人的盾牌。

（左圖）「弗里德克」絨葉觀音蓮（*Alocasia micholitziana* 'Frydek'）：盾形葉片類似亞馬遜觀音蓮，但有著深綠色的天鵝絨紋理，還可能出現雜色（也可能相當昂貴！）

（右頁）斑馬觀音蓮（*Alocasia zebrina*）：植物主要特徵在莖幹的少數例子之一。這片較老的葉子已經準備要汰換了。

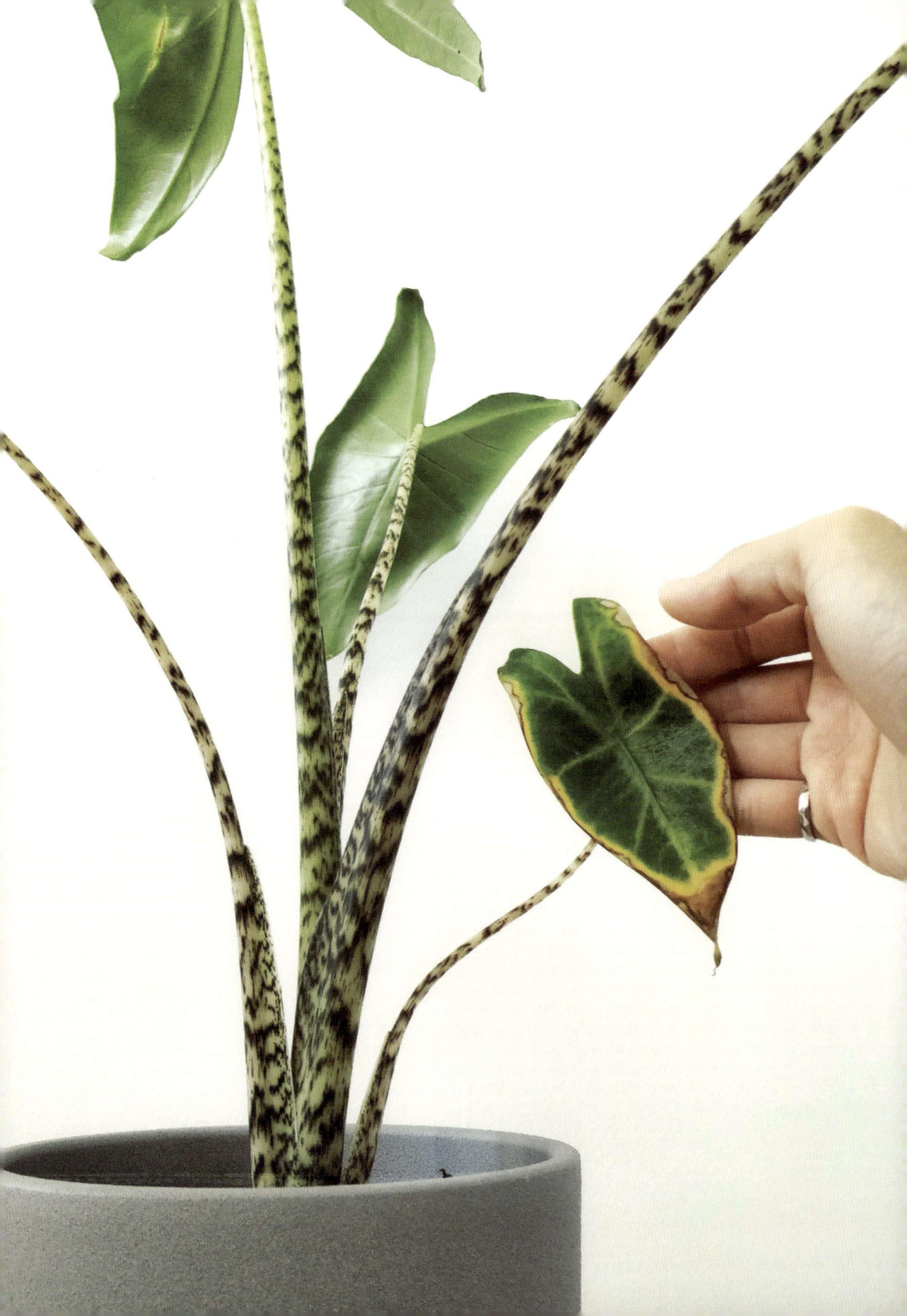

蘆薈

當人們聽到「蘆薈」時，大多會想到蘆薈葉汁及其治療燒傷的好處。蘆薈屬有許多其他品種與雜交種，栽種與收集起來十分有趣──儘管它們對你的皮膚不一定最合適。這些蘆薈厚實、肉質的葉子儲存了大量的水分，所以對長期乾燥的生長環境適應良好。在光照充足與適度水分壓力（water stress）（亦即不澆水）的情況下，許多蘆薈會呈現淡紅與紫色調。

（右頁）一批已經長成並準備好出售的蘆薈。

室內觀葉植物收集日誌

周遭環境

自然光：蘆薈如果一天能接收到 3～4 小時的直射陽光，就能長得很好；其他時間，間接光照應該盡可能保持在 400～800 呎燭（80～160 微莫耳）的高水平範圍。

生長燈：讓你的蘆薈一天有 12 小時能接收至少 800 呎燭（160 微莫耳）的光照，亦即 6.9 莫耳／天的每日光照量累積值；該累積值高些無妨，舉例來說，一天有 16 小時接收 1,000 呎燭（200 微莫耳）的光照量，亦即 11.5 莫耳／天的每日光照量累積值。

苗圃光照：蘆薈適合生長於全日照～部分遮蔭的光照條件下。在商業控制的環境中，只會用上低度的遮蔭（10～20%），相當於一天中大部分時間保持 8,000～9,000 呎燭（1,600～1,800 微莫耳）的光照量。

溫度與濕度：在攝氏 13～35 度（華氏 55～95 度）的日常溫度，以及乾燥到平均室溫的濕度（20～60%）下，蘆薈可以長得很好。

付出心力

澆水：蘆薈應該只在土壤基質完全乾燥時澆水，你甚至可以等到葉片稍微不那麼堅挺飽滿時再澆水。

施肥：蘆薈不是需要吸收大量肥料的植物，因此你在澆水時，可以每隔一次使用稀釋的氮磷鉀比例 3-1-2 肥料。

基質：理想的蘆薈基質應該可以快速排水，但又緊密到足以支撐植物的重量。一份椰殼纖維（或泥炭苔）加上一份粗砂就很適合蘆薈生長了。

期待成果

蘆薈的生長速度相當緩慢，但數年之後，應該會有些幼苗從植物的底部冒出，可以被取出並移植到新盆之中。主幹部分可以用木樁來支撐，但是當下方葉子相繼枯死，只留下光禿禿的莖時，你可能終究會想要切下頂端來繁殖。而有些蘆薈好些年都不需要分開種植，會成簇生長成一叢美麗的植物。

可收集的蘆薈種類

（左上圖）「三角燈」蘆薈（Aloe 'Delta Lights'）會長成整齊的玫瑰花形狀，葉子有著綠色與白色紋理。

（右上圖）長鬚蘆薈（Aloe aristata）會長成緊密、結實的形狀以及充滿光澤的葉片。

（右圖）兩種未知的蘆薈孕育出來的種子，由梅森庭園（Mason House Gardens）的傑夫・梅森（Jeff Mason）花了幾年時間培育成這叢植物，並將其稱為「未命名的傑夫・梅森雜交種」（Unnamed Jeff Mason Hybrid）（左）。我分得了這叢植物（右）的一小株，興奮於可種出我自己的小小蘆薈群。

「聖誕卡蘿」蘆薈（*Aloe* 'Christmas Carol'）──無品種證明（NOID）（意指「沒有身分證明」〔no ID〕），用來描述品種來源不明的植物）的雜交種蘆薈。當同屬的許多植物彼此緊鄰地生長在一起，就會發生異花授粉，從而孕育出無品種證明的植物。

照顧兩株蘆薈的觀察所得

第 1 天

一株承受陽光壓力（sun-stressed）（不照射陽光）的諾比觀音蓮（Aloe x nobilis）以及兩株最近被分出來的幼苗。處理這個品種的蘆薈要小心，它的葉片有利齒！

4 年之後

諾比觀音蓮（左）已被移入較大的花盆，而我決定將這批幼苗種在同一個花盆中。樹蘆薈（Aloe arborescens）（右）經過一個夏天被置放在戶外（大部分時候在一棵樹的遮蔭下），出現了驚人的成長。

這是七年前的樹蘆薈，當時我才剛拿到這株植物。

數週之後

經過充分的日照，這株植物在數週內即可恢復原本的鮮綠色。

室內觀葉植物收集日誌

花燭

或許你在當地的雜貨店看過這種極為常見的花燭屬紅花（火鶴花〔Anthurium andraeanum〕），它長久以來就是室內植物的基本品項，如果有心尋找，有多種顏色可供你挑選。要不了多久，更具雄心壯志的收集者就會想搜尋有著異國情調葉片的花燭——天鵝絨般質感光滑的深色葉子，有著驚人的葉脈圖案以及多種形狀與尺寸。對於非常積極的種植者來說，從種子開始種植、甚至種出花燭的雜交種，是一種回報豐厚的經驗。

（右頁）幾株葉子宛如天鵝絨般的花燭幼株展開了我的收集生涯：從左到右，前排依序是圓葉花燭（Anthurium clarinervium）、帝王花燭（A. regale）、水晶花燭（A. crystallinum），後排是絨葉花燭（A. magnificum）。

室內觀葉植物收集日誌

周遭環境

自然光：確保間接光照落在 200～400 呎燭（40～80 微莫耳）的範圍中。如果直射陽光的時間超過 1～2 小時，可以用白色紗簾來遮擋。

生長燈：生長在森林樹冠下的花燭，每日光照量累積值可能從 2～10 莫耳／天不等，端視樹冠的濃密程度而定。利用較便宜的生長燈也可以達到這樣的光照量累積值，確保你在葉子處進行的測量至少有 200 呎燭（40 微莫耳），並且每天有 12 小時保持這樣的光照水平。

苗圃光照：商業苗圃栽種花燭植物的遮蔭百分比設定在 80～90%，光照的測量值則為 1,000～2,000 呎燭（200～400 微莫耳）並在一天大部分時間中保持這樣的光照水平。在等效的生長燈下，維持一天 12 小時 1,000 呎燭（200 微莫耳）的光照測量值，會提供 8.6 莫耳／天的每日光照量累積值。如果你提供你的花燭植物這樣的光照水平，務必保持相對應的澆水與施肥頻率。

溫度與濕度：花燭植物在攝氏 15～32 度（華氏 60～90 度）的溫度範圍，以及 60～80% 的濕度下長得最好。在較低的濕度（30～50%）下，特定類型的花燭葉子可能會有輕微的缺損以及難以長出葉鞘的情況發生，給剛冒出來的新葉噴水將有助於解決這些問題。

付出心力

澆水：在花燭植物的基質約莫半乾時再澆水。如果你的光照水平較高，可以增加澆水的頻率，在土壤稍微乾燥時澆水到土壤吸飽水分為止。花燭可以從乾旱中恢復過來，但可能會發育不良。

施肥：使用氮磷鉀比例 3-1-2 的優質肥料或緩效性肥料，添加在基質之中以維持大片葉子所需的養分。

基質：標準盆栽土或水苔（2～3 份）加入若干樹皮碎片（1 份）。如果預期中的光照水平較低，可使用更多的樹皮碎片。

期待成果

平均來說，花燭保有的葉子往往沒有，比如說，蔓綠絨那麼多，但幸運的是，它們的莖很容易長出根來；這意味著，當老葉相繼枯死時（通常會轉變成亮黃色），會剩下光禿禿的莖幹以及根部。你可以用潮濕的水苔堆在莖幹周圍，刺激根部在水苔中生長。最後，水苔堆將延伸至花盆頂端上方數英寸處；這時，你可以把莖切下來，並將已經長出根的水苔堆種入新盆，讓這株新植物可以更舒適地安頓在低矮的新盆當中。剩下的殘株還可以長出新芽，雖然它們一開始會比從頂端剪下的插條來得小。

（右頁左下）班森（Benson）收集的絨葉花燭有著明顯的花序。

（右頁右下）在葉子宛如天鵝絨般的花燭上所長出的新葉，往往有著紅銅般的色澤——這是一株剛長出新葉的圓葉花燭。

花燭預期的生長過程

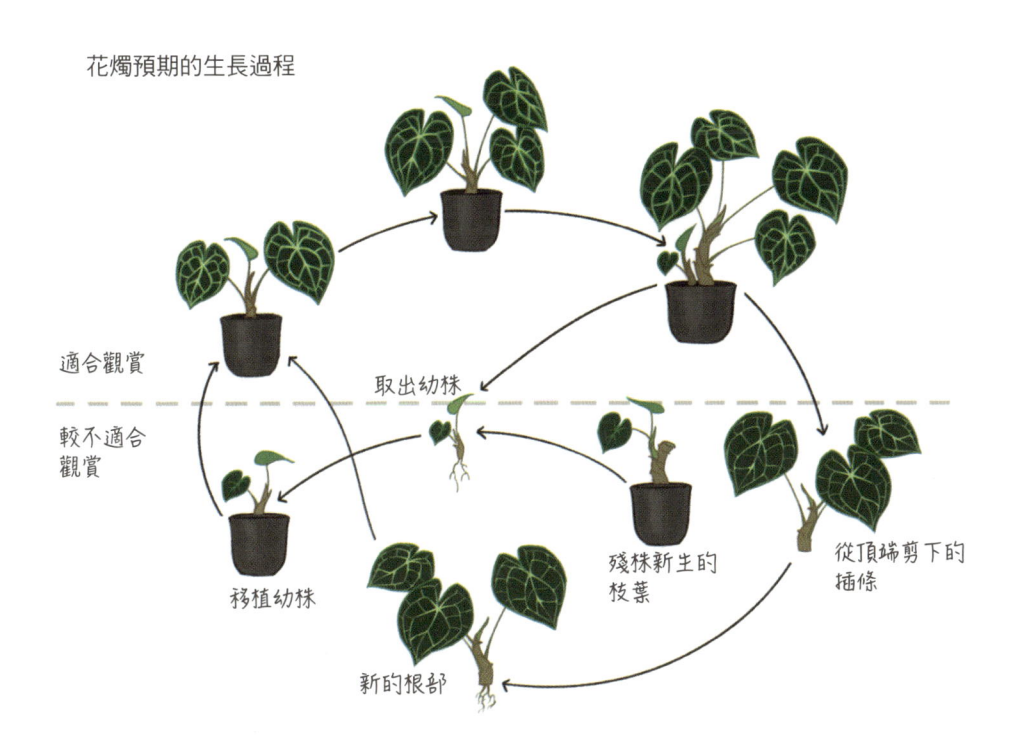

適合觀賞

較不適合觀賞

取出幼株

移植幼株

新的根部

殘株新生的枝葉

從頂端剪下的插條

室內觀葉植物收集日誌

可收集的花燭種類

（左上）圓基花燭（*Anthurium forgetii*）的葉子較圓，沒有葉竇（即葉子頂端與葉柄相連處的凹陷）。

（右上）葛蕾絲有一枝無根的奢華花燭（*Anthurium luxurians*）插條，她把插條種入基質中，很快就長出了新葉；九個月後，這株植物長得很壯觀！

（右圖）茹絲（Roos）展示她的皇后花燭，這個品種以狹長的葉形聞名。

（左上與右上）提姆帶我參觀他的收集，這是我第一次遇到國王花燭（Anthurium veitchii）這個品種（左上）。當我終於有了自己的國王花燭（右上），我學會去欣賞完美葉子轉瞬即逝的本質；沒錯，較高的濕度、土壤沖洗，以及使用蒸餾水或可延長葉子的完美外觀，但只有一片完美的葉子時，我也很滿意。

（左圖）鳥巢花燭（Anthurium plowmanii）展現出葉子紋理的另一種變化——皺褶的葉緣。

室內觀葉植物收集日誌

垂葉花燭（*Anthurium vittariifolium*）有著宛如繫帶般的長形葉片，讓我聯想起細窄的領帶。新長出來的葉子非常嬌嫩脆弱，我光是把它放在水槽中澆水時就折斷了2、3片。當下次有新葉長出來時，我得提醒自己要超級小心地對待它。

照顧惡魔花燭（*Anthurium radicans*）的觀察所得

第 1 天

惡魔花燭被戲稱為窮人的奢華花燭。儘管成本較低，這株植物被送達時的狀況仍令我有些擔心；因此，我將它種入水苔中並放進我的溫室陳列櫃。

1 個月

所有原來的葉子都相繼枯死了，但殘餘的莖幹與根部看起來堅實而健康；我並未放棄希望，繼續把這株植物放在溫室陳列櫃中。

5 個月

第一批初生的新葉還是有著挺漂亮的紋理。

2 個月

生命跡象出現！葉子全枯死後過了一個月，第一片新葉出現了。

10 個月

下一批長出來的葉子明顯較大。最新的葉子一開始呈現深紅色調，隨著葉片逐漸變硬，也逐漸轉變成綠色。

室內觀葉植物收集日誌

秋海棠

秋海棠長久以來始終深受植物收集者喜愛，因為一直有新的品種被培育出來——秋海棠很容易經由雜交而產生新的栽培種。我將為你介紹兩種常見的秋海棠，但它們的生長模式截然不同。

竹藤類秋海棠（Cane begonias）

竹藤類秋海棠會長出深棕色、類似竹藤的木質莖幹。許多竹藤類秋海棠的葉子往往有著銀色斑點並呈現翅膀形狀，因此俗稱為天使翼秋海棠（angel wing begonia）。此外，還有龍翼秋海棠（dragon-wing begonia）。隨著植物不斷生長，最底端的葉子也會持續褪落；莖幹上活躍的總葉量反映出生長環境加上土壤營養的結果，但即便是在理想的條件與照料下，葉子還是會有某種程度的損失——只是損失程度較低。值得慶幸的是，竹藤類秋海棠很容易藉由莖插來繁殖。

（右頁）凡妮莎收集的竹藤類秋海棠。

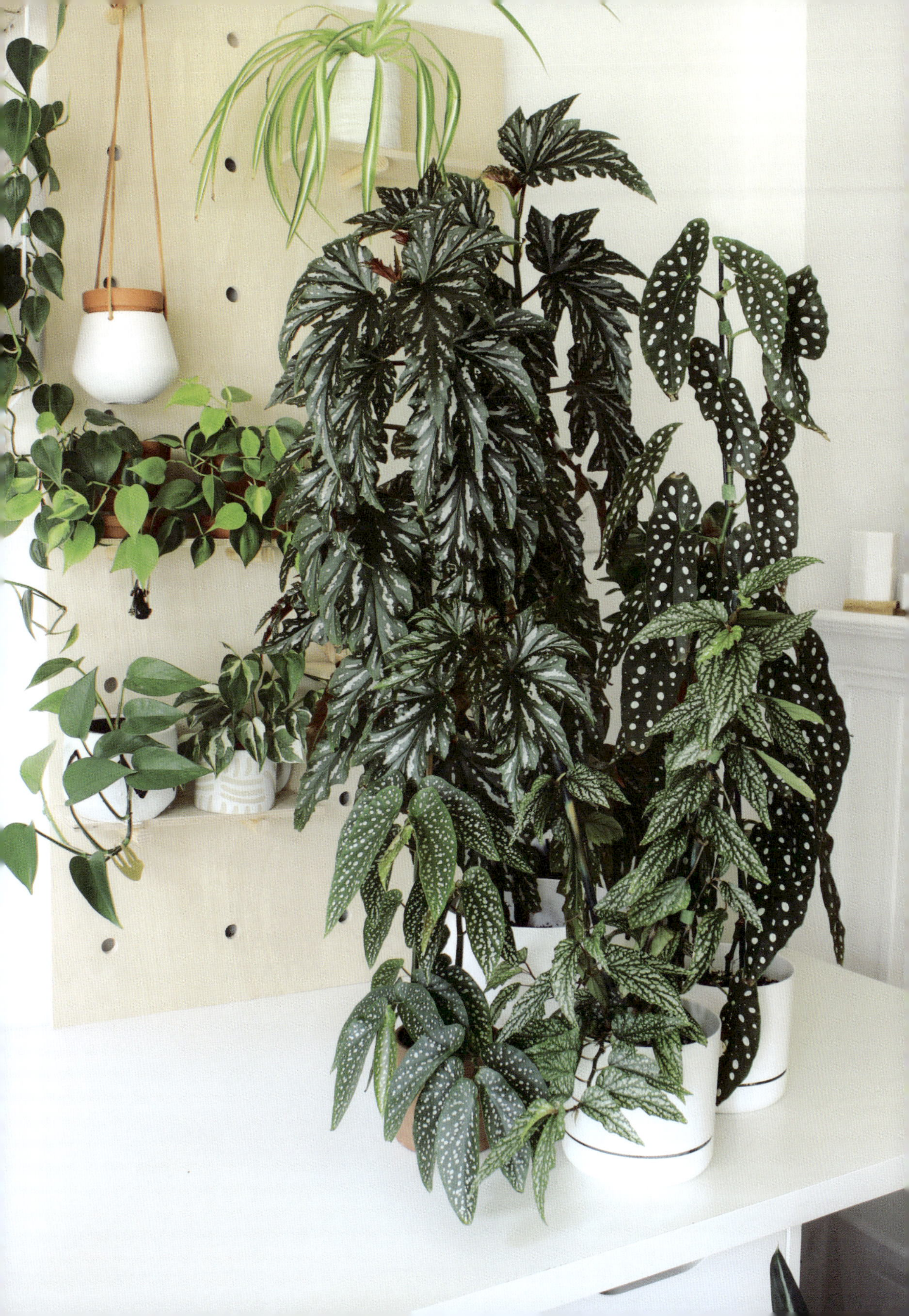

根莖類秋海棠（Rhizomatous begonias）

　　主莖以一種密實、成簇生長的習性長出葉子，為植物帶來濃密、宜人的模樣。不同於習慣向上生長的竹藤類秋海棠，根莖類秋海棠會沿著地面蔓生，因此它們傾向往外延伸擴展，而非往上長高。知名的牛排秋海棠（beefsteak begonia）有著皮革般綠葉以及紅色葉背的特徵，蝦蟆秋海棠（Begonia Rex Cultorum）品種（大王秋海棠〔rex begonia〕）則有著帶金屬色澤、浮誇顯眼的葉子，以及迷人的結構。

（上圖）譚雅收集的根莖類秋海棠精品。

周遭環境

自然光：間接光照水平保持在 400～800 呎燭（80～160 微莫耳）將帶來絕佳的生長，即使是 200～400 呎燭（40～80 微莫耳）的光照也已足夠。對直射陽光的耐受度，端視秋海棠的類型而定；葉子較厚的品種以及竹藤類秋海棠可以耐受 2～3 小時的直射陽光，但葉子較薄的根莖類秋海棠則在沒有任何直射陽光的情況下會長得更好。

生長燈：當你設定成長燈，讓你的根莖類秋海棠可以接收到大約一天 12 小時 200 呎燭（40 微莫耳），它應該會長得非常好。每日光照量累積值為 1.7 莫耳／天。對竹藤類秋海棠來說，你可以讓光照量再高一些，來到一天 12 小時 800 呎燭（160 微莫耳）的水平，亦即每日光照量累積值為 6.9 莫耳／天。

苗圃光照：商業化生產的秋海棠生長於大約 2,000 呎燭（400 微莫耳）的光照條件下，遮蔭百分比為 80%。

溫度與濕度：秋海棠可以在攝氏 16～29 度（華氏 62～85 度）的溫度下生長，但在較低的溫度範圍內生長得最好。竹藤類秋海棠在平均室內濕度（40～60%）下生長良好，而根莖類秋海棠（尤其大王秋海棠等品種）更適合生長於略高的濕度範圍。有些秋海棠在玻璃容器的環境中（濕度 60～80%）長得最好。

付出心力

澆水：竹藤類秋海棠應該在土壤基質大約半乾時澆水，不過，這類植物可以忍受短暫的乾燥期；但若是太久沒有水分，它們的葉子很快就會枯萎。根莖類秋海棠也可以在土壤大約半乾時再澆水，但對於葉子較薄的品種來說，寧可早點澆水。大王秋海棠的土壤乾燥程度若已過半，葉片容易急遽枯萎，因此，在這種情況發生之前就先補充水分相當重要。

施肥：加在基質中的氮磷鉀比例 3-1-2 肥料或緩效性肥料，都能確保葉子長得好。

基質：標準盆栽土或水苔（3～4 份）加入若干樹皮碎片或珍珠岩（1 份）。如果預期中的光照水平較低，可使用更多的樹皮碎片。如果排水混合物比例過高（意味著基質無法保留太多水分），你就必須經常檢查土壤的濕潤程度。

期待成果

對於竹藤類秋海棠的長期規劃：想達成長期觀賞竹藤類秋海棠的目的，應採取的策略是將莖幹剪回你希望新葉長出的位置。

有時候，莖上已經冒出了尖突點，如果你把這個生長點上方的莖段剪掉，生長點就會開始長出新葉。雖然你剪除莖段之處會留下一個纏絞的結節，但新生出來的葉子應該可以把它遮蔽住。幼苗會在莖的基底附近長出，可以被分株出來單獨種植，也可以留下來跟母株一起，形成更濃密茂盛的外觀。

對於根莖類秋海棠的長期規劃：根莖類秋海棠會隨著時間不斷長出更長的根莖，同時不斷汰換老葉，彎曲的根莖也終將蔓生至盆外。你可以剪掉頂端的部分，再把插條植入潮濕的水苔以種出另一株新的植物。剩餘的根莖上應該也會再度冒出新的枝芽。

竹藤類秋海棠預期的生長過程

- 生長
- 從頂端剪下插條
- 長得過高且超過木樁＆下方葉子褪落
- 從頂端剪下插條
- 往下坍塌
- 適合觀賞
- 較不適合觀賞
- 從頂端剪下插條＆取出幼株
- 長出新芽葉

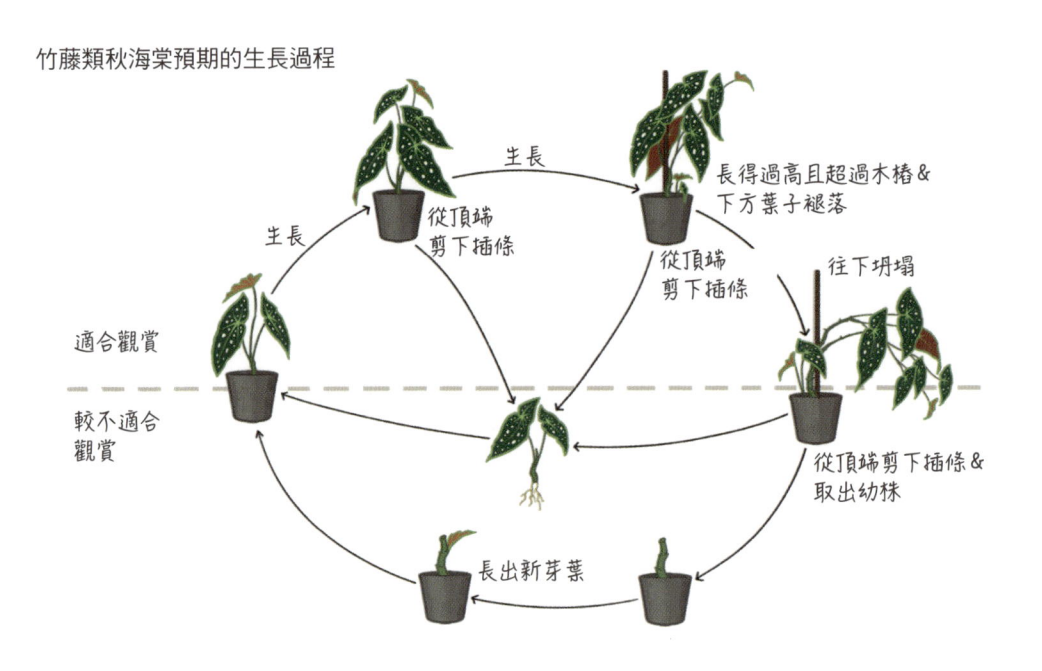

根莖類秋海棠預期的生長過程

- 生長
- 從頂端剪下插條
- 長得過高＆下方葉子褪落
- 適合觀賞
- 較不適合觀賞
- 切葉繁殖
- 殘株新生的枝葉

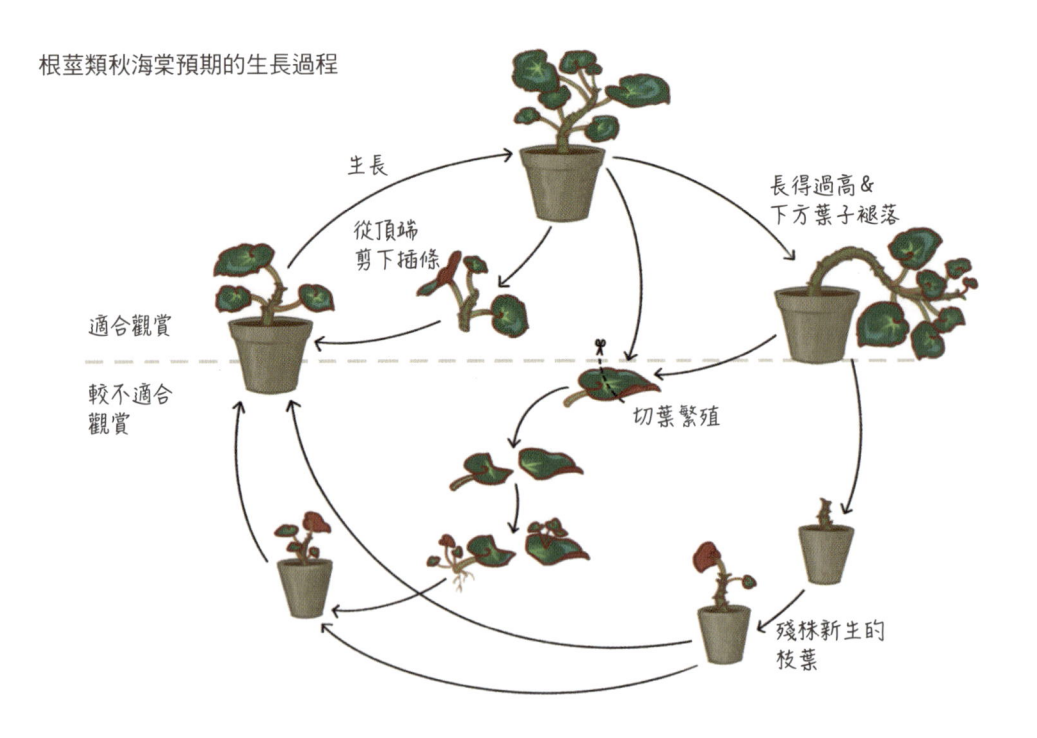

繁殖竹藤類秋海棠

竹藤類秋海棠能夠耐受強剪法（hard pruning）。所謂強剪法，意指在植物上幾乎不留任何葉子，只剩光禿禿的莖幹。經過強剪後的三週，我的「蘇菲塞西爾」秋海棠（Begonia 'Sophie Cecile'）上的第一批新葉終於出現！你可以看到，每根莖上都有明顯的切痕與持續成長的跡象。當更多葉子長出時，即可掩蔽這根莖幹上滿布的纏絞結節。對於一株莖幹眾多的植物，你可以選擇將所有的莖幹剪回接近土壤線的高度，基本上就是讓植物從地面重新生長；或者你可以交錯剪切，讓整株植物在第一批新葉長出之時，即可顯得更加濃密、飽滿。在此，我交錯剪切了這些莖幹。

我從我的「蘇菲塞西爾」秋海棠頂端剪下插條，送給一位朋友在水中進行繁殖。可以看到根部逐漸長出、成形。

5個月之後，我成了一名自豪的「蘇菲塞西爾」秋海棠收集者！我享受著植物蒼翠繁茂的生長……直到下一次的修剪！

同時，經過強剪後3個月，在我的母株上長出的下一批新葉更大，也使得莖幹上纏絞的結節更容易被大片葉子掩蔽住。

順帶一提，一旦竹藤類秋海棠長到一定高度，就需要竹椿或筷子輔以垂直的支撐了。

室內觀葉植物收集日誌

以葉段來繁殖根莖類秋海棠

　　根莖類秋海棠可以葉片切段的方式來繁殖。用一把乾淨鋒利的刀片，將一片帶有約莫1英寸葉柄的健康葉子切成兩段，如這張照片所示，新的根會出現在葉脈暴露出來的地方。葉片段與葉柄段都可以用來繁殖，可將剛切下的葉段放入潮濕的水苔或珍珠岩並密封於容器之中（透明的翻蓋食物外帶容器很適合作為此用）。確保暴露出葉脈的切割面有接觸到潮濕的基質。在光照方面，只需保持1～2莫耳／天——這一點可以藉由提供100～200呎燭（20～40微莫耳）的生長燈，保持一天12小時的光照量（計算為0.9～1.7莫耳／天）來達成。

　　6週之後，新葉從老葉的基底上出現，新根也已在水苔中長成；當新植物長到大約1英寸高時，你可以將它們移植到單獨的盆中（直徑2或3英寸的花盆）並蓋上保濕罩（humidity dome）。檢查基質的濕度，確保它不會完全變乾。你可以不時地為它噴霧。

　　當植物長到超過它們的小盆時，你可以把它們移植到尺寸更大的花盆中，開始在周遭環境的濕度下生長。原來的葉子會在移植3個月之後開始凋萎，因此，我將它從主株上移除；這株植物的新葉已然長滿了整個花盆，看起來相當令人滿意。

可收集的竹藤類秋海棠種類

（左上）「露西娜」秋海棠（Begonia 'Corallina de Lucerna'）是特烏謝里秋海棠（B. teuscheri）與大紅秋海棠（B. coccinea）的雜交種。這株植物為貝芙麗（Beverly）所有，她從1978年種植到現在。這種天使翼雜交種已經流行了一個多世紀。

（左圖）圓點秋海棠（Begonia maculata var. wightii）有著圓點的花紋。

（右上）「木乃伊小姐」秋海棠（Begonia 'Miss Mummy'）的粉紅金屬色葉子在強烈光照下長得最好（一天中大部分時間保持在200～400呎燭）。

（右中）帶有粉紅斑點的深綠色葉子是「蘿西」秋海棠（Begonia 'Cracklin' Rosie'）的特色。

室內觀葉植物收集日誌　　97

可收集的根莖類秋海棠種類

（左頁）「獅鷲」秋海棠（Begonia 'Gryphon'）。雖然這種秋海棠看起來較像是竹藤類秋海棠，但可以用切葉（leaf cutting）的方式繁殖，而這正是根莖類秋海棠的特徵。

（上排）：「紅葉」秋海棠（Begonia 'Erythrophylla'）是一種極受歡迎的根莖類秋海棠，俗稱牛排秋海棠。三根剛從頂端剪下來進行繁殖的插條（左圖），經過約莫一年的時間長成一株濃密漂亮的植物（右圖）。這株植物被安置在一扇面朝南的窗戶旁，每天接受大約兩小時的直射陽光，其餘時間的間接光照水平保持在200～400呎燭（40～80微莫耳）範圍內。一連串可愛的花梗也長出來了！

（下排）「虎斑」秋海棠（Begonia 'Tiger Kitten'）已長成到準備出售了（左圖）。由葉片繁殖出來的小植株（右圖）。

室內觀葉植物收集日誌　　99

可收集的幾種喜愛潮濕的秋海棠

一旦你有一個專門的空間可以規劃為濕度較高的環境，就可以收集並欣賞更多的秋海棠品種。將幾株秋海棠一起種入玻璃容器中會成為很有趣的展示品，而且在玻璃容器栽種植物的維護成本低得驚人——我已經兩個月沒給這個容器加過水，裡面的水苔還是濕潤的！容器被安置在一盞生長燈旁，接受一天12小時大約200呎燭（40微莫耳）的光照量。

（左上）「廷杜伊」秋海棠（*Begonia* 'Dinhdui'）有種金屬的質感。

（右上）納圖那秋海棠（*Begonia natunaensis*）：這種根莖類秋海棠原產於婆羅洲（Borneo）。

（左下）龍胄秋海棠（*Begonia dracopelta*）：有著水泡狀（凹凸不平）的葉子紋理。

（右下）寧巴四翅秋海棠（*Begonia quadrialata ssp. Nimbaensis*）：這個亞種以淡紅色葉脈備受珍視。

室內觀葉植物收集日誌

竹芋／肖竹芋／錦竹芋

長久以來，竹芋即以輪廓分明的葉子圖案以及夜間閉合的迷人習性而備受喜愛。然而就像我們這個DNA定序時代的其他植物一樣，許多竹芋屬的品種都在2012年被移到肖竹芋屬，而錦竹芋屬的植物也與其同屬一科，有著類似的生長需求與引人注目的葉子。為了方便討論起見，我們可以將它們全部視為「竹芋」。

才在苗圃中長成並經過修剪（意指剪掉所有的枯葉）的竹芋，因其顯著突出的外觀，往往是初次購買植物者的首選；但眾所周知的是，這種植物的葉子壽命極短，往往讓人深感失望。這似乎成了一種不可避免的宿命：購買深具吸引力的竹芋，眼看它的葉尖逐漸轉為褐色，失去照顧植物的興趣，最後只好丟棄掉。或者，堅持不懈者所經歷的另一種循環是：努力保持高濕度的環境，只使用蒸餾水，延遲不可避免的命運。我的建議則是：接受這個事實，了解這些令人驚嘆的葉子壽命有限，在植物適合觀賞的期間盡情享受它的陪伴。

（右頁）即便濕度較高，也無法讓葉子永遠保持完美！收集的植物如下：箭羽肖竹芋（*Goeppertia insignis*）（左上）、彩虹肖竹芋（*Goeppertia roseopicta*）（右）、魚骨錦竹芋（*Ctenanthe burle-marxii*）（左下）。

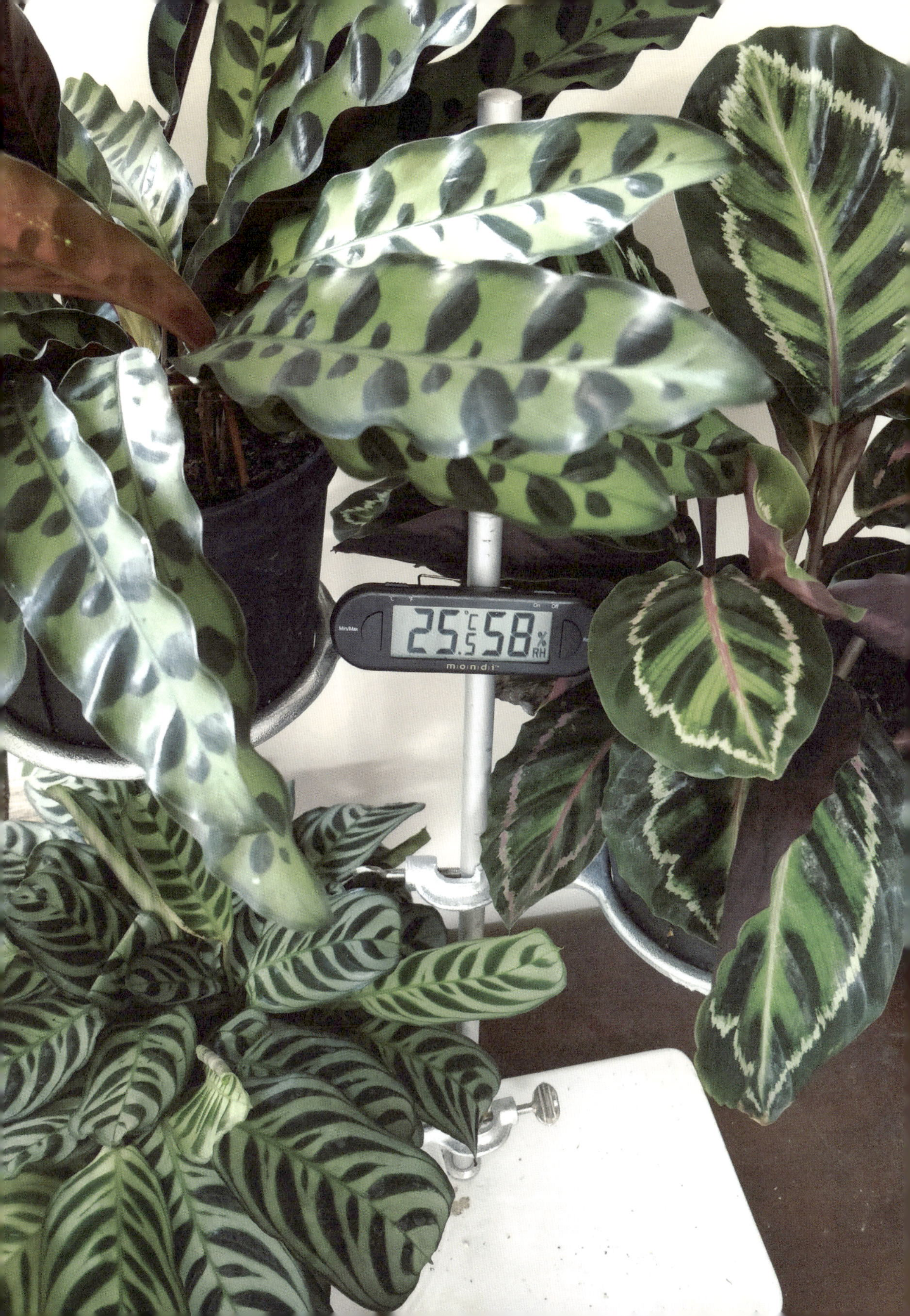
Min/Max
25.5 °C 58 % RH
mondi

周遭環境

自然光：間接光照水平保持在 200～400 呎燭（40～80 微莫耳）範圍內將產生絕佳的生長效果，而即使只有 100～200 呎燭（20～40 微莫耳）也已足夠。竹芋只能容忍 1、2 個小時的直射陽光，若超過 1、2 個小時，葉子就會逐漸褪色枯萎。

生長燈：將你的生長燈設定成可提供一天 12 小時約莫 200 呎燭（40 微莫耳）的光照（相當於每日光照量累積值 1.7 莫耳／天）。

苗圃光照：商業化生產竹芋所設定的遮蔭比例是 80～90%，相當於一天大部分時間保持 1,000～2,000 呎燭的光照量。

溫度與濕度：竹芋可以在攝氏 21～32 度（華氏 70～90 度）的溫度下生長，但在較低的溫度範圍中長得最好。大部分的竹芋在平均室內濕度（40～60%）下可以長得很好，但在濕度較高的環境中（60～80%），葉子可以延長其品質與壽命。以竹芋來說，建議保持較高的濕度水平，因為在較不那麼潮濕的環境中，快速的蒸騰作用會導致土壤中的礦物質積累，並造成葉片尖端的細胞相繼死亡。在大型的開放空間中，濕度是一個很難控制的環境因素，因此，倘若你是完美主義者，可能會想將你所收集的竹芋都保存在溫室陳列櫃中，並且定期沖洗這些植物的土壤。儘管葉子褐變（leaf browning）的現象就像頭髮變白般不可避免，但這就是葉子壽命的一項事實。

付出心力

澆水：竹芋喜愛均勻濕潤的土壤，因此在基質半乾之前就應該澆水。雖然竹芋的耐旱程度視品種而異，但所有竹芋的葉子外緣向內捲曲時，都已是一種極度乾渴的表現；倘若出現這種跡象，就是植物需要澈底澆水的時候了。大部分竹芋都能從這種缺水的枯萎狀態中恢復過來，但照顧者應該藉由持續從頂端澆水來避免這種情況發生。

施肥：加在基質中的氮磷鉀比例 3-1-2 肥料或緩效性肥料，都能確保葉子長得好。

基質：標準盆栽土（3～4 份）加入若干樹皮碎片或珍珠岩（1 份）。如果預期中的光照水平較低，可使用更多的樹皮碎片。如果排水混合物比例過高（意味著基質無法保留太多水分），你就必須經常檢查土壤的濕潤程度。

期待成果

我再怎麼強調這個觀念都不為過，尤其以竹芋來說：葉子的壽命有限，這意味著長期觀賞竹芋的方法是提供它們充足的光照以及持續的水分，如此一來，植物長出的新葉應可平衡枯死的老葉。分株（division）亦可繁殖出新的植物。

（上圖）這是一株「非常」乾渴的「阿瑪格里斯」魚骨錦竹芋（*Ctenanthe burle-marxii* 'Amagris'）。雖然你應該避免讓你的植物乾渴到這種程度，但透過澈底浸泡在水中、讓土壤濕透，它應該仍可恢復元氣。

可收集的竹芋種類

（左上與右上）箭羽竹芋（Calathea lancifolia）：在光照與施肥良好的情況下，葉子的汰換率應不至於令人太過苦惱，正如這株植物仍保持著相當數量的葉子（左）。儘管所有的竹芋都會展現出某種形式的日常葉片運動，但箭羽竹芋到了晚上，看起來把自己包裹得相當嚴實（右）；這可能會讓植物的新主人納悶是否有什麼事情出了錯。其實毋須驚慌失措，這只是葉片運動的日常週期。

（左圖）魚骨錦竹芋：這株植物不僅深具吸引力，而且非常持久耐看。葉子損失的速度可被在良好條件下長出的大量新葉所抵銷，而且高濕度並非必需的條件，因為這個品種即使在冬季乾燥的室內條件下也可以長得很好。

室內觀葉植物收集日誌

（上圖）馬寇氏肖竹芋（*Goeppertia makoyana*）：俗稱「孔雀竹芋」（peacock plant）。

（右上）紫背錦竹芋（*Ctenanthe oppenheimiana*）：葉子可以長到2、3英尺高，使它成為裝飾地板的首選植物。

（右下）「大獎章」彩虹肖竹芋（*Goeppertia roseopicta* 'Medallion'）：我決定配合穿上綠色／紫色主題的衣服來拍照。彩虹肖竹芋的葉片較大但較少（它不像，比如說，箭羽肖竹芋那麼濃密），因此葉子的汰換可能會更令人擔憂。

照顧「網紋」馬賽克竹芋的觀察所得

我的朋友梅麗莎（Melissa）得到一株大型的「網紋」馬賽克竹芋（Calathea musaica 'Network'），而我驚喜地發現它在一扇露臺玻璃門旁可以接收數小時的直射陽光與400～800呎燭範圍的間接光照，長得極好，最終填滿了整個花盆，所以她讓我用根部分株的方式取走一塊。

當我們把植物從盆中取出時，發現它的根系形成了花盆形狀的堅硬障礙物。

我用一把鋒利的刀子切下一小部分（大約是根球的四分之一），然後將切下的一小塊與剩下的部分，分別種進各自的盆中。

在最初的幾個月中，我的植物看起來有點笨拙與稀疏，但我讓它保持充足的光照（用生長燈提供一天12小時200呎燭的光照量）並澆水施肥（每次澆水時摻入氮磷鉀比例3-1-2的液體肥料）。

又過了幾個月，幾十片新葉開始冒出來，就像一串小喇叭。

換盆後18個月

我讓植物待在戶外，就在我的遮蔭棚架後方；在那裡，它可以接收大約1小時的直射陽光，斑駁、間接的光照落在約莫400～800呎燭（80～160微莫耳）範圍內。濃密而飽滿的新葉相當令人滿意！

室內觀葉植物收集日誌

照顧青蘋果肖竹芋的觀察所得

第 1 天

一份來自當地植物商店的禮物！我很興奮能從植物的幼株（4英寸的花盆）開始養起，觀察它的成長過程。（順帶一提，這個品種最近被重新分類，從青蘋果肖竹芋（*Goeppertia orbifolia*）改為青蘋果竹芋；但不論類別名稱為何，它還是同一種植物。）

2 個月

很高興有新葉進展的好消息。捲曲的新葉不斷從數根莖幹的中央冒出，一片比一片更大、長得更好。到目前為止所提供的光照如下：植物在一天當中大部分時間會接收到200～300呎燭（約為40～60微莫耳）的間接光照，然無任何直射陽光。在土壤半乾時即澆水，每次澆水時皆摻入氮磷鉀比例3-1-2的肥料，如此一來似乎可以讓植物不斷長出新葉。

2.5 個月

第一片枯落的葉子。這是最小、最老的葉子之一，所以我並不擔心。在葉片變黃的這個階段，枯葉可被輕易地扯下——感謝你的陪伴！

與其盲目地試圖提高濕度以維持葉子的完美狀態，不如先去測量它！我的室內濕度在秋天時落在40～50%，冬天時落在30～40%。只要我確定已提供了良好的光照水平以及相對應的澆水與施肥，我對我的竹芋與其他據說「喜愛潮濕」植物（諸如鐵線蕨）的生長即感到相當滿意。

10 個月

在發現粉介殼蟲（mealybug）侵擾之後，不斷地挑除蟲子與噴灑藥水變得太麻煩了，於是我決定剪掉所有的葉子——只留下一片。丟

棄大部分的葉子可以大量減少粉介殼蟲的數量，而留下一片葉子則是為了吸引流連不去的粉介殼蟲，讓我可以輕易地監測到這些殘存的害蟲。

體型較大的成蟲很容易被發現並消滅……

……但切記要抓出體型較小、容易逃躲偵測的幼蟲。你可以用一小片膠帶來清除一小塊區域內的所有蟲子，然後再噴灑殺蟲的肥皂水。當植物接收到充足的光照，所有的活動（光合作用）製造出來的碳水化合物，都會變成貯存在根部的儲備物資。如果你突然剪掉植物的葉子，它就會利用這股儲備的能量來長出新葉。冒出土壤的新葉尖是個好兆頭！

11 個月

我沒有預料的一個難題是，仍然有粉介殼蟲躲藏在捲曲的新葉之中；儘管我小心翼翼地避免折損到新葉，有些區域仍是棉花棒鞭長莫及之處。

14 個月

我十分欣喜於這株植物在過去幾個月的新成長，也將粉介殼蟲的侵擾控制住了。剛長出的幼葉很小（約為我的手掌大小），但在良好的生長條件下，後續的葉子會逐漸長得相當大。葉子的邊緣容易褐變，偶爾沖洗土壤可以減緩這個過程。

室內觀葉植物收集日誌

吊燈花

常見的愛之蔓（*Ceropegia woodii*）（也被稱為串串心〔string/chain of hearts〕或玫瑰藤〔rosary vine〕）有各種不同的品種，還有好些其他的吊燈花屬品種，收集起來讓人興味盎然。考慮到多條垂懸的莖藤是它們的吸引力所在，你必須繁殖你的植物，才能讓它看起來濃密繁茂。要注意的是，有著宛如豌豆般球狀葉的珍珠串（string-of-pearls）（翡翠珠〔*Curio rowleyanus*〕）是另一種截然不同的植物，但是栽種起來也很有趣（雖然深具挑戰性）。

（右頁）西里爾（Cyril）收集的植物從二樓平臺懸垂下來，中間的植物全是吊燈花屬。

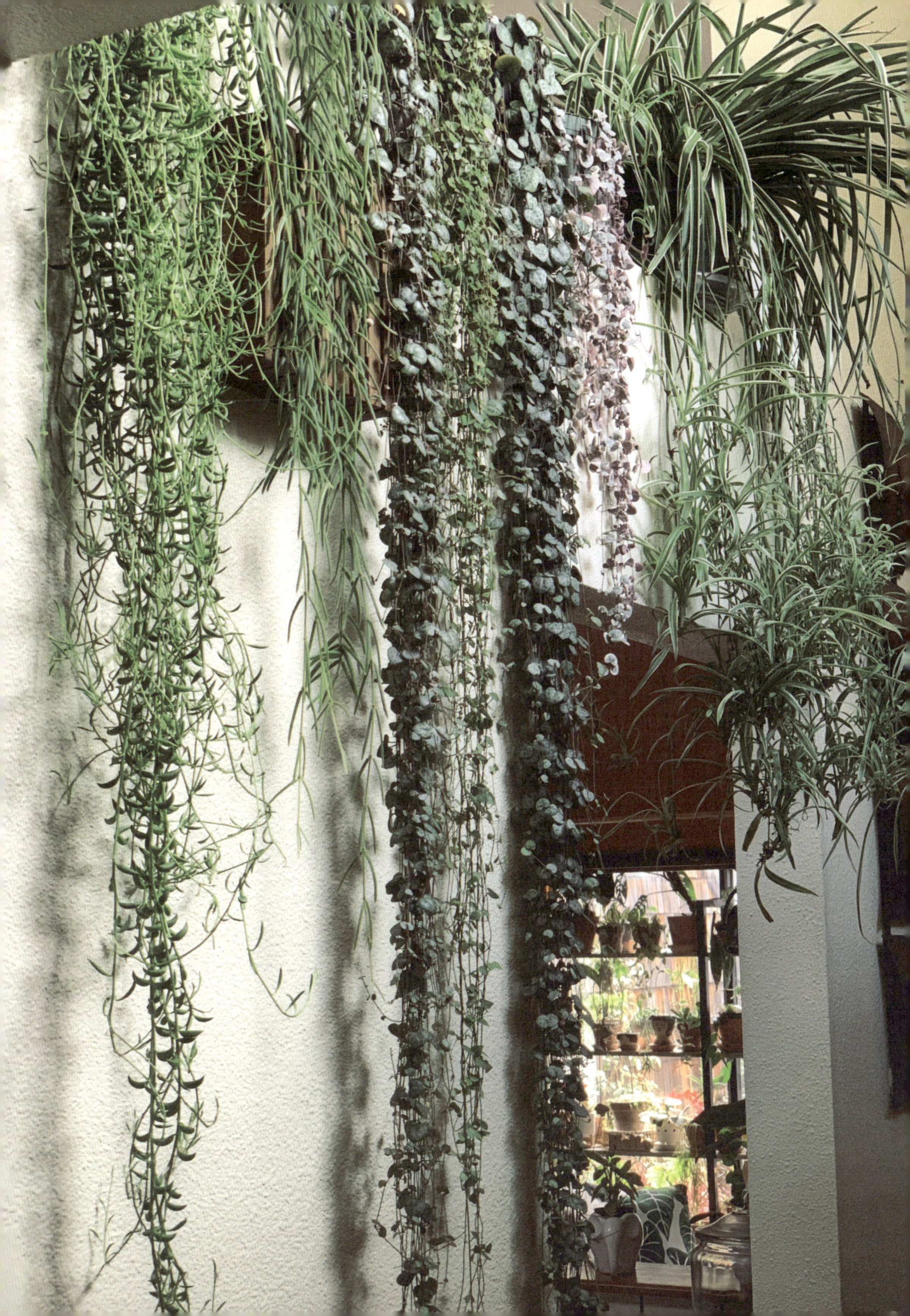

周遭環境

自然光：如果你的平均間接光照大於 100 呎燭（20 微莫耳），成長的狀況應該相當良好，但植物在 400～800 呎燭（80～160 微莫耳）的範圍中會長得更好。如果充分澆水，吊燈花可以耐受 2～3 小時的直射陽光；如果陽光直射時間較長，可使用白色紗簾來分散陽光強度。

生長燈：為了讓你的吊燈花長得好，設定你的生長燈，讓植物一天 12 小時可接收到至少 200 呎燭（40 微莫耳）（相當於每日光照量累積值達 1.7 莫耳／天）的光照。

苗圃光照：吊燈花栽種於 60～70% 的遮蔭度下，相當於一天大部分時間可接收到約莫 3,000～4,000 呎燭（600～800 微莫耳）的光照量。

溫度與濕度：吊燈花在攝氏 21～29 度（華氏 70～85 度）的日常溫度範圍以及平均室內濕度（40～60%）下生長良好。

付出心力

澆水：在吊燈花的基質幾乎全乾時再澆水。這類植物相當耐旱，因為它們可以在地下塊莖中儲存水分。但在長時間的乾燥狀態下，葉子容易變得薄而彎折；倘若植物已達這種乾燥程度，務必澈底澆水。

施肥：適用氮磷鉀比例 3-1-2 的肥料。

基質：吊燈花偏好排水良好的基質，類似種植仙人掌的土壤。使用 2、3 份椰殼纖維或泥炭苔，加上 1 份粗砂或珍珠岩即可。

期待成果

吊燈花的藤蔓會隨著老葉脫落而逐漸變長，第一批枯死掉落的老葉是那些最接近土壤的葉子。如果你希望填補光禿無葉的空間，你可以把藤蔓插條種在水中或是繁殖盒中，然後在新的根部長出大約 1 公分長時再加以移植。你可以一直用這種方式來繁殖吊燈花，保持植物蓊鬱濃密的外觀。

可收集的吊燈花種類

（左上與右上）愛之蔓在適度的光照下（一天中大部分時間保持200～400呎燭，左圖）生長得相當快速，看看它7個月之後的模樣（右圖）！

（右下）斑葉愛之蔓的特點是奶油色的葉緣以及略帶淺紫色的葉背。這裡是一些繁殖待售的植物。

室內觀葉植物收集日誌

（左上）白瓶吊燈花（*Ceropegia ampliata*）（「布西曼人的菸斗」〔bushman's pipe〕）：並非所有的吊燈花品種都會形成線繩般的莖藤，這個品種會長出好些外觀相當獨特的花朵，宛如在一棵聖誕樹上的奇特裝飾品。

（左下）「綠色怪物」臘泉吊燈花（*Ceropegia simoneae* 'Green Bizarre'）：讓我聯想到一條龍！光照與澆水的特性類似多肉植物。

（右上與上圖）醉龍吊燈花（*Ceropegia sandersonii*）：植物的葉子或許不那麼有趣，但花朵（上圖）十分特別，也給了這個品種「降落傘花」（parachute plant）的俗名。

（右頁）這是梅麗莎的「銀色榮耀」愛之蔓（*Ceropegia woodii* 'Silver Glory'）。當葉子接收的光照充足時，銀白色澤最為明顯。

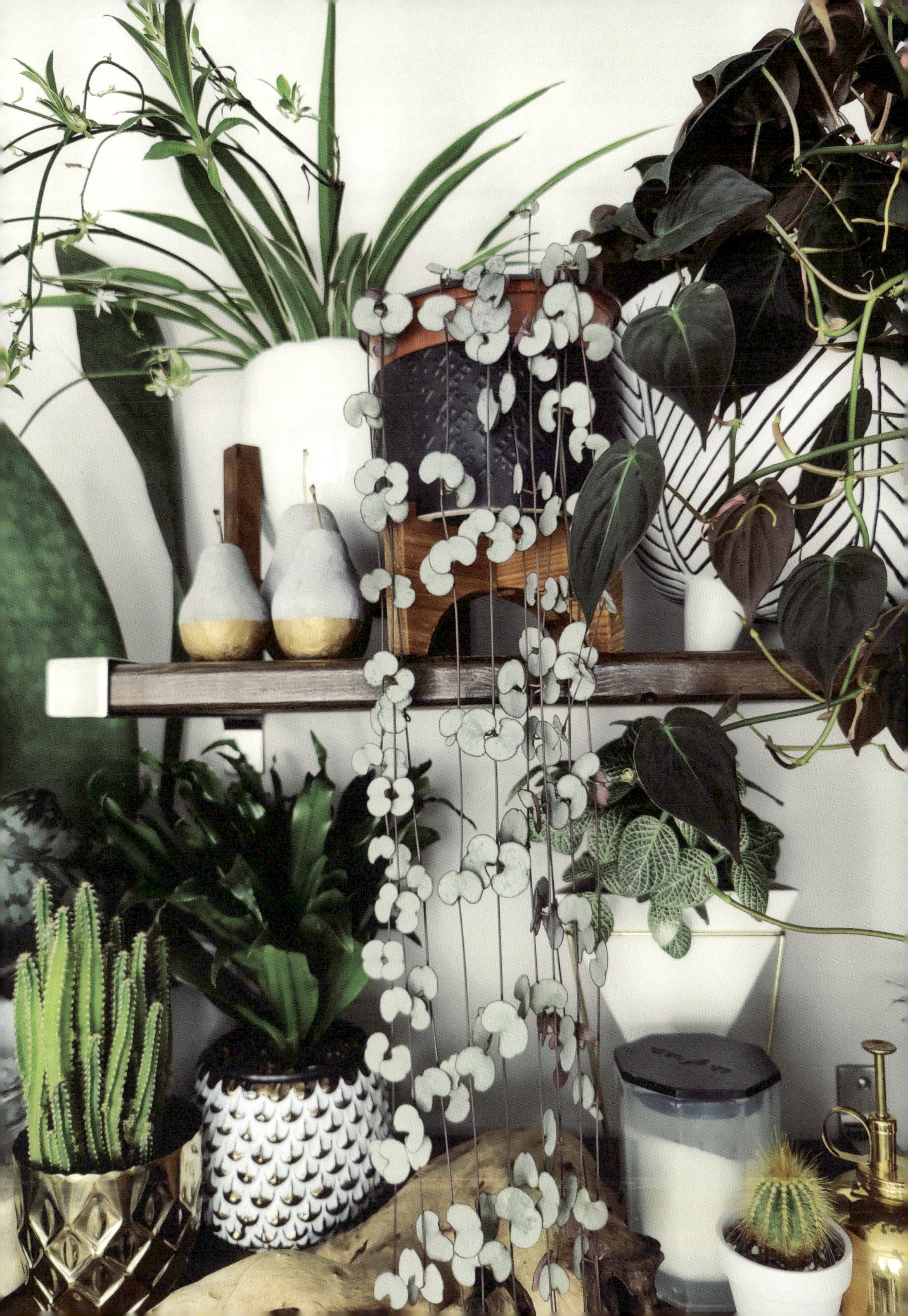

花葉萬年青

花葉萬年青以豔麗醒目的葉子以及筆直生長的習性深受喜愛。體型較大的品種可以被置放於地板花器中，成為極為吸睛且具時尚感的植物；至於體型較小的植物，則非常適合擺設於桌上或架上。應注意不要吸收或攝入植物，因為它會製造出草酸鈣，對動物與人類有毒——草酸鈣會導致口腔麻痺，此即這種植物帶有貶義的俗名「啞巴甘蔗」（dumb cane）之由來。

（上圖）大多數花葉萬年青可以融入任何地方，從大型的桌上植物（6英寸的花盆）到地板高度的植物（12英寸或更大的花盆）皆可。因此，你可能沒有空間來收集六株以上的這種植物。這裡的品種如下：「蜜露」花葉萬年青（*Dieffenbachia* 'Honeydew'）（左下）、「熱帶蒂基」斑葉萬年青（*D. maculate* 'Tropical Tiki'）（左上）、「金道」花葉萬年青（D. 'Slerling'）（中），以及「黑豹」花葉萬年青（D. 'Panther'）（右）。

周遭環境

自然光：作為林木樹冠下的植物，花葉萬年青在 200 呎燭（40 微莫耳）以上的間接光照下就可以長得很好，但在 400～800 呎燭（80～160 微莫耳）的範圍中會長得更好。如果充分澆水，花葉萬年青可以耐受 2～3 小時的直射陽光；如果陽光直射時間較長，可使用白色紗帘來分散陽光強度。

生長燈：花葉萬年青一天中若有 12 小時可接收到至少 200 呎燭（40 微莫耳）（相當於每日光照量累積值達 1.7 莫耳／天）的光照，就能長得很好。

苗圃光照：商業化生產的花葉萬年青栽種於 80% 的遮蔭度下，相當於一天中大部分時間都能接收到約莫 2,000 呎燭（400 微莫耳）的光照量。

溫度與濕度：花葉萬年青在攝氏 18～26 度（華氏 65～80 度）的日常溫度範圍以及平均室內濕度（30～50%）下長得最好。

付出心力

澆水：在花葉萬年青的基質半乾至四分之三乾燥程度時再澆水，這種植物可以耐受一段完全乾燥的時期，只是生長會受到阻礙。

施肥：加在基質中的氮磷鉀比例 3-1-2 肥料或緩效性肥料皆可發揮作用。

基質：標準盆栽土（2～3 份）加入若干珍珠岩或樹皮碎片（1 份）。如果預期中的光照水平較低，可使用更多的樹皮碎片。如果排水混合物比例過高（意味著基質無法保留太多水分），你就必須經常檢查土壤的濕潤程度。使用樹皮碎片來代替珍珠岩，在填滿較大的花盆（大於 12 英寸）時很有幫助。

期待成果

隨著每片新葉的萌芽成長，就有大致相同數量的下層葉子會枯萎脫落；最終，植物會長成一種不協調的尷尬結構：只在頂端有葉子，莖幹則長而光禿。生長在野外的植物，莖幹會直接彎曲下來直至接觸地面；在天時地利的情況下，觸地的莖幹會繼續長出新的根。在你的家中，這麼長的莖幹可能會宛如難以駕馭的脫韁野馬，使得繁殖成為重新栽種這株植物的明智選擇。你可以在植物的頂部進行空中壓條，或者乾脆剪下莖段並置入潮濕的水苔或水中，讓它生根。莖段可以被切成塊狀（無葉莖節）並側放於潮濕的水苔中，讓水苔保持均勻濕潤；幾週或幾個月之後，新的生長點就會出現，形成一株新的植物。你也可以在透明、密閉的容器中這麼做，如此一來，就不必經常把水苔弄濕。新的幼株也可以從土壤中冒出，然後被取出來另外種在各自單獨的盆中。

可收集的花葉萬年青種類

（左）「卡蜜拉」花葉萬年青（*Dieffenbachia* 'Camille'）與「噴雪」花葉萬年青（D. 'Sparkles'）（右）。我收集「卡蜜拉」是為了在我被問到「我的植物怎麼了？」有關花葉萬年青的問題時，可以回報我的觀察。這些問題總是與卡蜜拉有關，它顯然是一個極受歡迎的栽培種。植物可能被置放得離窗戶太遠，並且施肥不足；幾週之內，大部分的下層葉子都會脫落，而由於光照不良、營養不足，新葉不是成長緩慢，就是根本長不出來。

（右頁左上與右上）：「鱷魚」花葉萬年青（*Dieffenbachia* 'Crocodile'）：葉子的突變導致這種有趣的紋理沿著葉背中脈出現。

（右頁左下）：「偽裝」花葉萬年青（*Dieffenbachia* 'Camouflage'）有帶斑點的淺綠色葉子。

（右頁右下）：「黑豹」花葉萬年青：顏色較淺的大斑點是植物的一部分，而不是生病了！

室內觀葉植物收集日誌

照顧「夏雪」花葉萬年青的觀察所得

我朋友的父母開了一間中餐廳,並且在餐廳裡養了一株可愛的「夏雪」花葉萬年青(*Dieffenbachia seguine* 'Tropic Snow')來歡迎客人。由於陽光直接照射在餐廳的前窗以及後方幾英尺處的植物,一天中大部分時間的間接光照落在200～400呎燭(約莫40～80微莫耳)範圍內。每隔幾年,隨著頂端的新葉萌芽以及下方數量相當的老葉脫落,他們就會用空中壓條的技巧來繁殖植物。

第1天

他們剪開一個錫罐,並將錫罐固定在下方的莖幹部位周圍,並在其中填滿土壤。空中壓條法通常會涉及以切入部分莖幹的方式來「損傷」莖幹,但在這個情況下是不必要的。

4個月

他們將整株植物連根拔起,切斷被錫罐覆蓋、包裹住的莖幹部位——該部位已經長出了新的根。

他們取走已長出根部的頂端插條,把殘株留給我;然後,我將殘株種進一個16英寸的花盆中。

種入盆中的第1天

看到母株長成的大小,我毫不懷疑假以時日,這根殘株必然會茂盛濃密到填滿整個花盆!

種入盆中後 5 個月

120

安置在我父母家樓上走道的這三支莖幹長得很好。光源：天窗。來自天窗的漫射光線測量值落在200～400呎燭範圍內。下午大約會有1個小時的陽光直射，帶來4,000呎燭以上的光照量。

種入盆中後 10 個月

現在，葉子的數量與花盆的體積形成了完美平衡，長成一株令人賞心悅目的植物典範。

跟植物一起搬家

我傾向於把植物當成人而非家具般對待！

種入盆中後 14 個月

葉子枯落是不可避免的。你擁有的光照就這麼多，盡你所能地澆水與施肥，其他的就順其自然吧。最老的葉子終將被汰換，如果生長情況與照顧條件良好，植物在老葉掉落之前也會長出許多新葉。

你可能聽過這樣的說法：在葉子一開始變黃時就把它剪掉，可以為植物的新葉保存能量。這種說法並不正確。即便有良好的施肥習慣，植物在任何時候能保有的葉子總數仍有其限制。當植物利用它可以取得的養分（主要是氮）來長出新葉時，老葉就會收到信號，通知它要開始分解尚可回收利用的細胞成分（流動的養分）。所以，你若是想做對植物最有利的事，就要把變黃的葉子留到它完全變黃，然後再剪掉；有時候輕輕一拉，變黃的葉子就會脫落了。對這種植物來說，莖幹上的每一條線都是落葉留下的疤痕──這就是植物生長的方式。如果你覺得變黃的葉子不美觀，那麼立刻剪掉它也不會對植物未來的生長造成重大影響，只是別說你這麼做，是在幫這株植物一個大忙！

換盆後 2 年

就葉子的蓊鬱程度與花盆的尺寸之間的平衡而言，植物現在的外型處於最理想的大小。（當然，這是完全主觀的看法──你覺得好看的話，任何樣子都行！）

室內觀葉植物收集日誌　　　121

石蓮花及其他小型多肉植物

石蓮花以其眾多的柔和粉彩色調以及蓮葉叢般成簇工整生長的習性，始終讓收集者深深著迷。在野外，當動物掠過這類植物，多肉的葉子會被撞落地上，有助於長出新的植物。而在家中的你，在發現一片落葉長出新的蓮葉叢時，即可見證這個現象。

再沒有任何布置比可愛的多肉植物更適合裝飾餐桌了，但太常見的情況是，植物最終看起來糟透了，然後被悄悄地扔掉。事情不必走到這個地步！你可能以為只要有「適當的照顧」，一盆完美的多肉植物就能永遠這樣保持下去。現實的教訓是：不論你照顧得多好，它們都不會保持原狀；因此，你應該預計每隔幾年就要重新種植一次植物。

（右頁上圖）：多肉植物有著多種其他植物極其罕見的顏色。

（右頁下圖）：像薇薇安這麼認真的愛好者會有多個陳列架，每層架子底端都附有長長的LED生長燈；如果你喜歡「井然有序」，可以把數百朵石蓮花整整齊齊、有條不紊地排列起來。

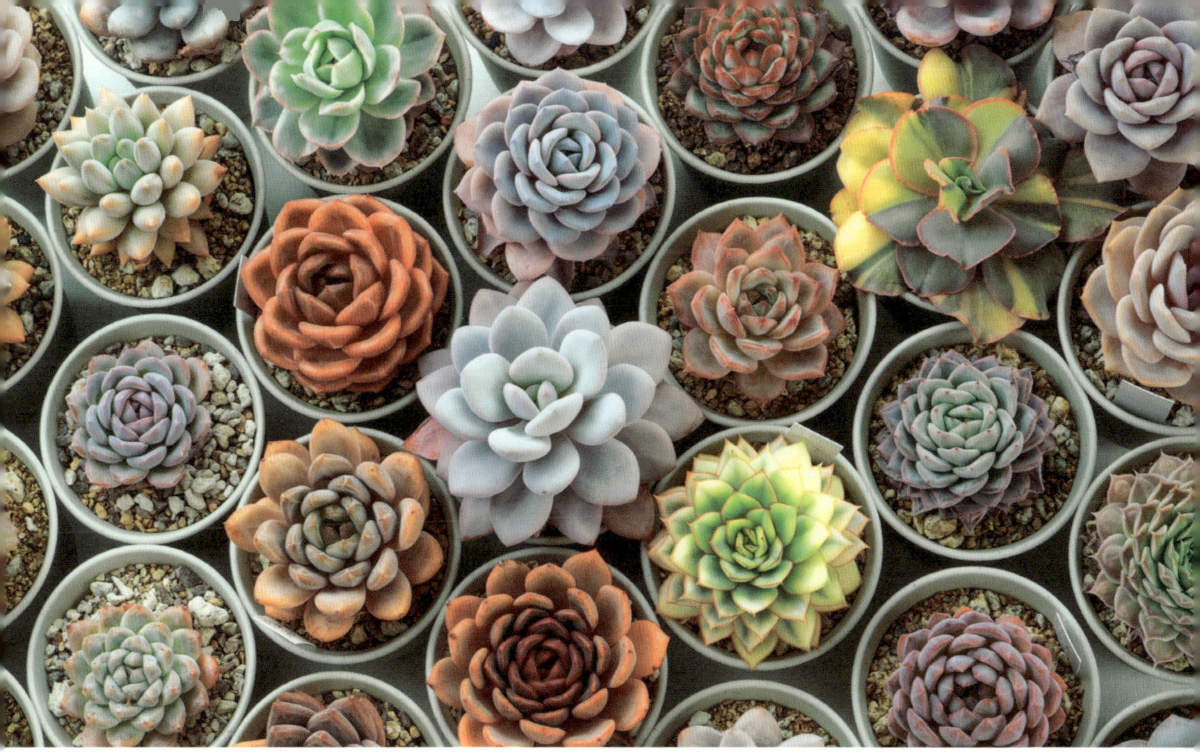

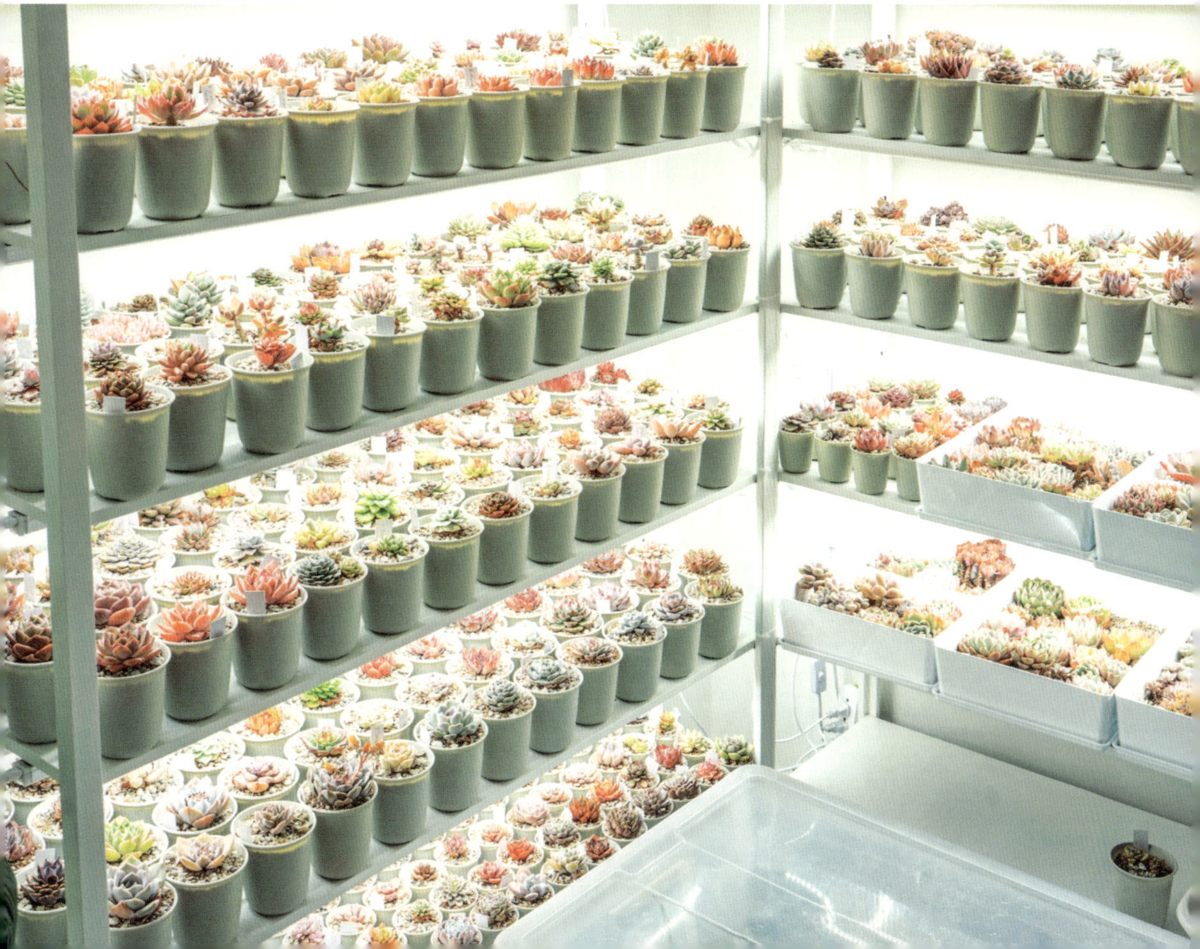

周遭環境

自然光：一天有 3～4 小時的直射陽光就很理想，剩餘的時間中有 400 呎燭（80 微莫耳）的間接光照也已足夠，但光照量在 800 呎燭（160 微莫耳）以上可以長得更好。事實上，除非你有一扇毫無阻礙的巨大窗戶，否則很難保持這種光照水平。

生長燈：目標是達到 4～10 莫耳／天的每日光照量累積值。一天 12 小時保持 1,000 呎燭（200 微莫耳）的光照水平，即可達到 8.6 莫耳／天的光照量。在較低的光照水平下，譬如一天 12 小時保持 600 呎燭（120 微莫耳）（相當於 5.2 莫耳／天），植物的生長會稍微變慢。

苗圃光照：大部分多肉植物生長於 3,000～5,000 呎燭（大約 50～70% 的遮蔭度）的光照水平下。

溫度與濕度：大部分多肉植物在攝氏 21～32 度（華氏 70～90 度）的溫度、平均室內濕度（20～60%）的乾燥程度下生長良好。

付出心力

澆水：大多數人對於多肉植物與澆水會説的一件事是：「它們幾乎不需要水，對吧？」儘管在乾旱的不毛之地的確很少下雨，然而一旦下起雨來，就是傾盆大雨。假設栽種介質適合多肉植物，澆水時仍應澈底且均勻地浸濕土壤的各個部位；由於土壤排水性強，最好在水槽中澆水，或甚至把花盆完全浸入水中。土壤完全乾燥時，就是澆水的時機。

施肥：任何氮磷鉀比例 3-1-2 肥料都適合多肉植物。

基質：對於多肉植物，人們的第一個想法通常是「添加排水物質」，但務必考慮到栽種環境中的光照水平。如果土壤的基質排水太快，加上你所設定的光照量較高（比如說，20 莫耳／天），你可能必須極為頻繁地澆水才跟得上「完全乾燥」的速度。在光照水平高的情況下，你可以安心地用上 3 份的椰殼纖維／泥炭苔以及 1 份的粗砂／珍珠岩；而在光照水平略微適中的情況下，混合物可以降低到 2 或 1 份的椰殼纖維／泥炭苔以及 1 份的粗砂／珍珠岩。對更小的根系與更小的花盆來說（直徑小於 3 英寸），使用粗砂更能固定植物，因為粗砂的顆粒比珍珠岩小。

（上圖）生產多肉植物的苗圃環境。

石蓮花預期的生長過程

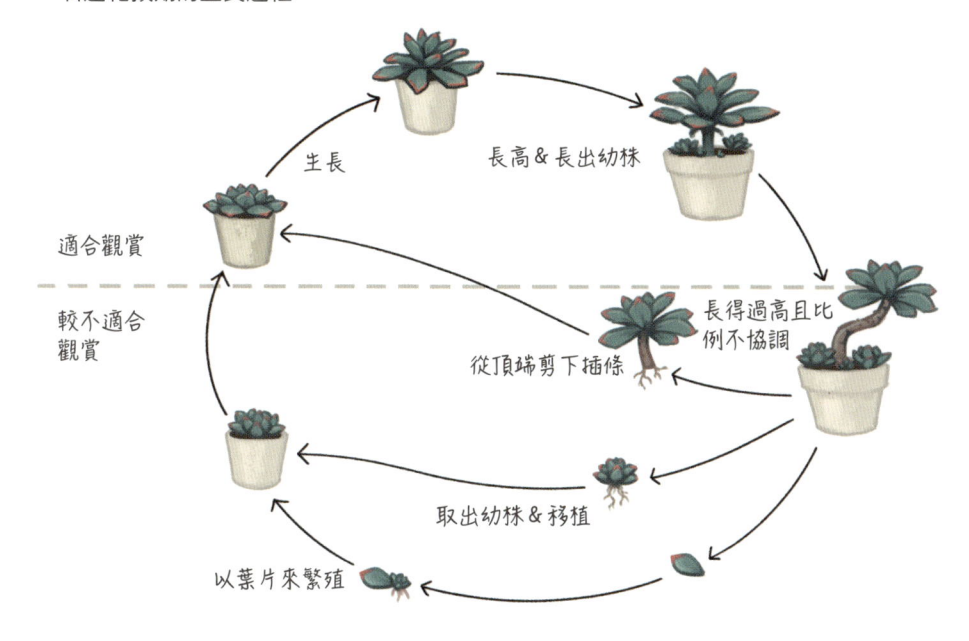

- 生長
- 長高＆長出幼株
- 長得過高且比例不協調
- 從頂端剪下插條
- 取出幼株＆移植
- 以葉片來繁殖
- 適合觀賞
- 較不適合觀賞

期待成果

讓多肉植物的生命永遠延續下去，祕訣就在於繁殖。你最初購買的植物，它的莖幹終究會變長──如果光照量較低，變長的速度會更快。經驗豐富的多肉植物栽種者十分了解多肉植物的生命週期：

- 「完美的玫瑰花形」（在良好光照下可以保持1～2年，光照不佳則為幾個月）。
- 植物長高，比例變得不協調。
- 切下頂端，將其移植到土壤中（1～2個月即可長出根部）。
- 繁殖下方的葉片（3～6個月即可長成小株植物）。

如果你什麼都不做，會發生什麼事呢？植物的頂端會繼續生長、蔓延到花盆外，最後使得整株植物往下坍塌。你當然也可以放任植物繼續生長，雖然讓植物保持較小的體型會比較好照料，不過你也可以享受一株多肉植物的獨特蔓生樣態。

（上排）「藍鳥」石蓮花（*Echeveria* 'Blue Bird'）：下方大部分葉子已然相繼枯死（左圖），是時候移除它們、從頂端剪下插條了（右圖），插條可以直接種入適合多肉植物生長的基質中。在基質部分乾燥時補充水分，使其保持濕潤，數週之後，插條即可長出根部。

（下排）多肉植物的葉片繁殖：被切下來大約一個月並保持濕潤的葉片（左圖）開始長出根來。這些葉片一天有12小時可接收約莫800呎燭的光照並且被安置在加熱墊上，將土壤的溫度提高到大約攝氏30度（華氏86度）；6個月之後（右圖），蓮葉叢已然完全成形，用於繁殖的原始葉片也枯萎了。這株植物是「紫珍珠」石蓮花（*Echeveria* 'Perle von Nürnberg'），以柔和的紫／藍色葉子聞名，但其色澤在強烈光照下會變得較為鮮豔，葉尖甚至可能轉紅。

可收集的石蓮花種類

（上圖）紅司石蓮花（*Echeveria nodulosa*）俗稱「彩繪石蓮花」（painted echeveria），因為它的葉片上有著紫紅色條紋。這株植物已經長得頗高，而且還長出了幼株；除非你想要一株垂頭喪氣的植物，否則現在肯定是繁殖與重新種植的時候了！

（右圖）「反葉」玉蝶石蓮花（*Echeveria runyonii* 'Topsy Turvy'）有著柔和的藍綠色澤以及向上彎曲的葉片。

（上圖）「擬石」石蓮花（*Echeveria* 'Marble'）的葉子有獨特的紋理，你可能會誤以為它是一株缺水乾渴的植物呢！

（下圖）雜色品種的價格往往較為高昂，多肉植物也不例外；這是雜色的「日本月河」石蓮花（*Echeveria* 'Japan Moon River'）。

其他可收集的小型多肉植物

（左上）大疣朱紫玉（*Adromischus marianiae herrei*）：這株樣本已經生長到可從頂端切下插條的程度。

（右上）玉乳柱（Boobie cactus / *Myrtillocactus geometrizans cv. Fukurokuryuzinboku*）：就像許多在家中栽培的多肉植物會採取矮化的生長習性，這種植物也是如此；但事實上，它在大自然中可以長得比人還高。

（左下）儘管這四種植物的構造截然不同，它們全都是大戟屬的植物！前排從左到右：晃玉（E. obesa）與皺葉麒麟（E. decaryi）。後排左到右：扁平麒麟（E. platyclada）與日本大戟（E. x japonica）。

（中下）「佛寺」青鎖龍（*Crassula* 'Buddha's Temple'）：這株植物已經長出了幾根幼株，數週之內，就能被分別種到各自單獨的花盆中。植物的頂端也可以被切下來重新種植。

129

黃金葛

黃金葛（*Epipremnum aureum* / pothos）與龜背芋屬於同一亞科，作為極受歡迎的室內植物也有同樣悠久的歷史。我在《室內觀葉植物栽培日誌》一書中已介紹了黃金葛的基本照護知識，但你若是正在尋找一種容易取得的植物來進行一項回報豐厚的挑戰，不妨嘗試在苔蘚柱（moss pole）上種植黃金葛；如果種得好，在植物往上攀爬時，就會長出濃密的葉子作為你的回報！你在拎樹藤屬（genus *Epipremnum*）中所發現的大部分室內植物都是黃金葛的栽培種，但拎樹藤（*E. pinnatum*）的品種也相當有趣。

（右頁）潔妮（Jainey）收集的苔蘚柱栽培植物，包括這裡所展示的黃金葛、龜背芋，以及蔓綠絨。

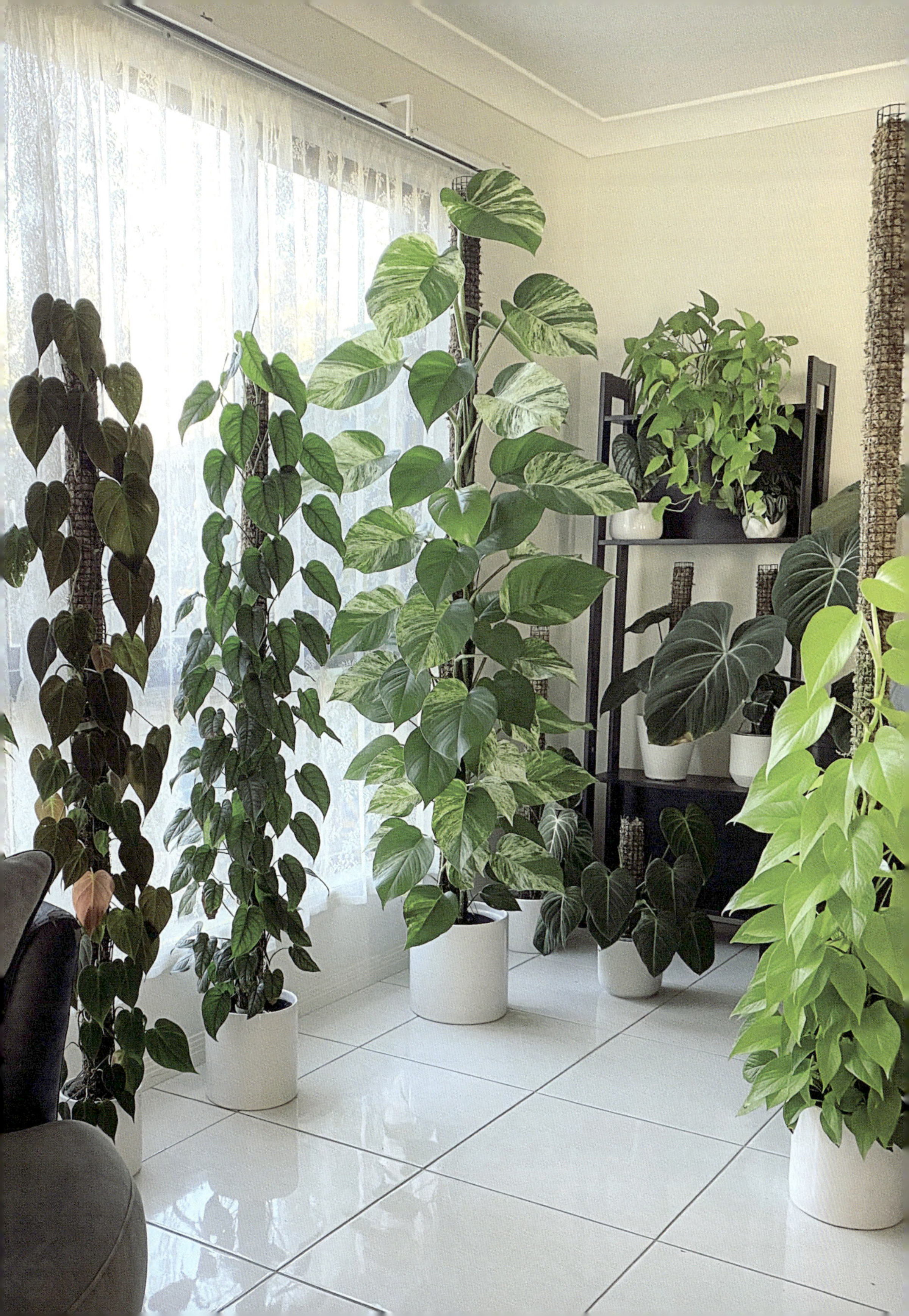

周遭環境

自然光：為了讓植物得到最佳的成長，不妨找一面夠大的窗戶來提供它們將近 400 呎燭（80 微莫耳）的間接光照；2～3 小時的直射陽光尚屬可耐受程度，但你要記得檢查土壤濕度。倘若陽光直射的時間會超過 3 個小時，可使用分散陽光的材料加以遮蔽。

生長燈：一天 12 小時保持 400 呎燭（80 微莫耳）的光照水平即可提供 3.5 莫耳／天的每日光照量累積值，這樣應該就足夠了。

苗圃光照：商業化生產的黃金葛栽種於 2,000～3,000 呎燭（大約 70～80% 的遮蔭度）的光照下。

溫度與濕度：黃金葛在攝氏 18～29 度（華氏 65～85 度）的溫度範圍以及平均室內濕度（30～50%）下長得最好，而葉子更嬌嫩纖弱的黃金葛品種，在濕度更高（60～80%）的環境下會長得較好。

付出心力

澆水：在基質半乾時澆水。黃金葛是耐旱的植物，可從一段乾旱缺水的時期中恢復過來，但生長會受到阻礙。

施肥：氮磷鉀比例 3-1-2 的肥料對黃金葛效果良好，亦可使用液體肥料或緩效性肥料。

基質：標準盆栽土（2～3 份）添加若干珍珠岩或樹皮碎片（1 份）。如果預期中的光照水平較低，可使用更多的排水材料。

期待成果

你隨時都可以藉由修剪藤蔓，以及從頂端與莖節處切下插條的方式來維持一株黃金葛蔓生下垂的樣貌，但也不妨嘗試種一株長在苔蘚柱上、看起來截然不同的黃金葛。為了讓莖節在苔蘚中長出根部，苔蘚柱需要填入一種可以保濕的介質，宛如一串小海綿的水苔則是最好的選擇。製作苔蘚柱的常見方法是將一片塑膠柵欄網（大部分五金店或園藝中心都有販售）捲成圓柱形並填入潮濕的苔蘚，然後以束帶繫緊、固定；你或許會想用暗樺木或花園的塑膠樁來加固它，端視你的苔蘚柱大小而定。

關於這項計畫，最棒的一件事就是：你只需要一根藤蔓就可以開始！

關鍵在於耐心。儘管你可能很想切下一長段插條，以便讓這株攀緣植物取得搶先起步的優勢，但只將藤蔓壓入苔蘚之中，並不會讓現有的幼葉長得更大，因為這些葉子已經完全長大了，不會再長得更大。反之，你必須從一個新的成長點開始；隨著新的藤蔓長出新葉與莖節，你再慢慢地將它們捆綁、固定在苔蘚柱上。

每一片新葉都會根據前片葉子的方向與根部狀態，形成自己的形狀與結構；這就彷彿之前的葉子會告訴這些正在長出的新葉：「嗨，這裡的前景看好，水分來源也充足，所以繼續朝這個方向生長吧！」

黃金葛預期的生長過程

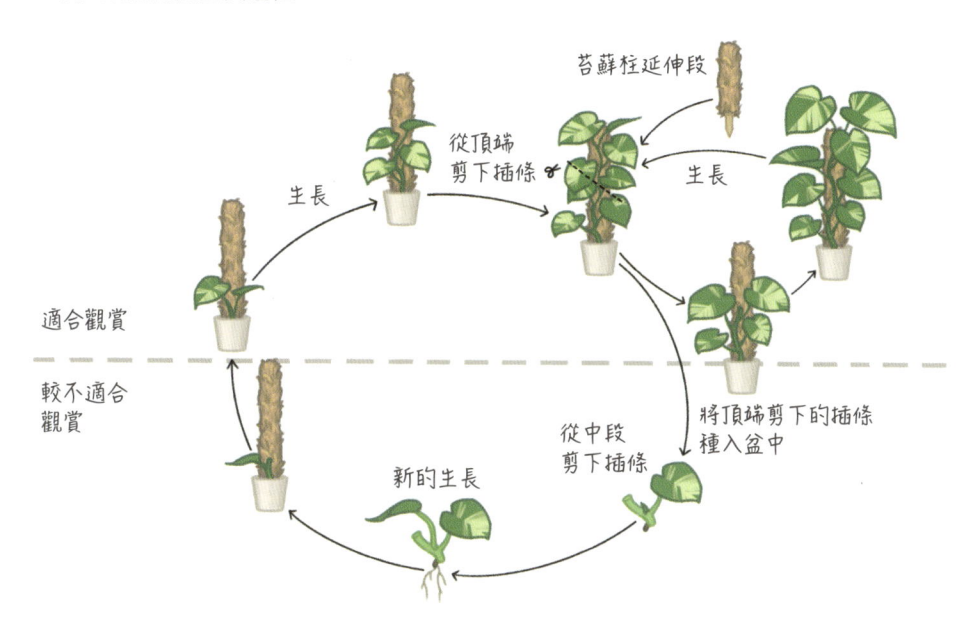

苔蘚柱延伸段

從頂端剪下插條

生長　　生長

適合觀賞

────────────────

較不適合觀賞

將頂端剪下的插條種入盆中

從中段剪下插條

新的生長

（左圖）：夏天時，我在陽臺上放了一盆「大理石皇后」黃金葛（*Epipremnum aureum* 'Marble Queen'），植物在這段時間長出的葉子帶有更豐富的淡黃色澤，形成更顯著、突出的雜色，就像藤蔓上最後的5、6片葉子所示。在室內生長的老葉色澤對比則沒那麼醒目，與室外生長的新葉相形之下，看起來較不鮮明。你或許會說，室內的老葉與戶外的新葉都是在「明亮的間接光照」下生長，但經過更仔細的測量，我發現戶外間接光照水平落在400～800呎燭（80～160微莫耳），而室內間接光照水平則為100～200呎燭（20～40微莫耳）。

室內觀葉植物收集日誌

移植一株「大理石皇后」黃金葛

　　潔妮的「大理石皇后」在苔蘚柱頂端長出好些葉子，葉片明顯較大。

　　當藤蔓延伸到苔蘚柱頂端時，潔妮決定是切斷苔蘚柱、將其分種成兩株植物的時候了。苔蘚柱插條的好處是，植物已經在柱子上的苔蘚中生根了；上半段的苔蘚柱可以被移植到新盆中，柱底周圍添加些額外的苔蘚，植物就能在新盆中生根。兩根柱子都可以被延伸加長，容許新的生長在柱頂形成。

插條後 1 個月

　　在室內空間中操作時，保持苔蘚柱上的濕度會是一項不甚容易的挑戰。最簡單的方法是將整個盆柱帶到室外或放進浴缸，你可以充分而大量地澆水；等到它停止滴水，你就可以將它放回原來的生長空間中。又或者，你可以用一個小塑膠瓶裝滿水，然後將瓶子倒置在苔蘚柱頂端，讓水滲入柱中。最後，僅在極少數的情況下我會建議使用噴霧作為一種保濕的方法，將水分直接輸送到苔蘚柱中且不至於弄濕地板。

可收集的黃金葛種類

斑葉拎樹藤（*Epipremnum pinnatum* variegata）：在有支撐的情況下，葉片長得越來越大，可以看到新葉上長有窗形的小孔洞。

本頁：「白泉」黃金葛（*Epipremnum aureum* 'Manjula'）以深綠色邊緣與中央的淡黃色斑點為特色。有些較為奇特的外來黃金葛品種會以單株藤蔓的方式出售，而娜塔莎的植物剛開始展開它的旅程（左上）；6個月之後，這株藤蔓長得很好（右上）。1年之後，經過幾輪的繁殖，植物已經長滿了整個花盆（左）。

右頁上排：「萬能鑰匙」拎樹藤（*Epipremnum pinnatum* 'Skeleton Key'）：這些插條（左）已在水中生出根來，準備好被種入盆中了。我為它們準備了一根苔蘚柱，希望新葉能長高到與柱子齊平；幾個月後，這些藤蔓已經長到柱子上了（右）！

右頁下排：「宿霧藍」拎樹藤（*Epipremnum pinnatum* 'Cebu Blue'）：拿到朋友贈送的插條總是為我帶來無窮的樂趣（左）。1年之後，藤蔓已準備好進行更多的繁殖了（右）。這個栽培種的成熟葉子會略呈青藍色調。

室內觀葉植物收集日誌

蕨類植物

從演化的角度來說,蕨類植物比開花植物更古老。蕨類是以孢子繁殖(藉著颱風、下雨的方式來散播),而非花朵與種子。在天時地利的適當條件下,孢子即可發育為成熟的蕨類。蕨類植物有一種緊湊、密實的生長習性,會從中心的簇生叢長出灌木狀的優美結構。許多收集起來很有趣的蕨類,都是長在岩石或樹木上的附生植物。

(右頁)我手掌中的三種鐵線蕨,由左至右為:葉子最小的小葉鐵線蕨(*Adiantum microphyllum*)、極受歡迎的室內植物美葉鐵線蕨(*Adiantum raddianum*)(或稱三角洲鐵線蕨〔Delta maidenhair fern〕),以及葉子最大的秘魯鐵線蕨(*Adiantum peruvianum*)(或稱銀幣鐵線蕨〔silver-dollar maidenhair fern〕)。

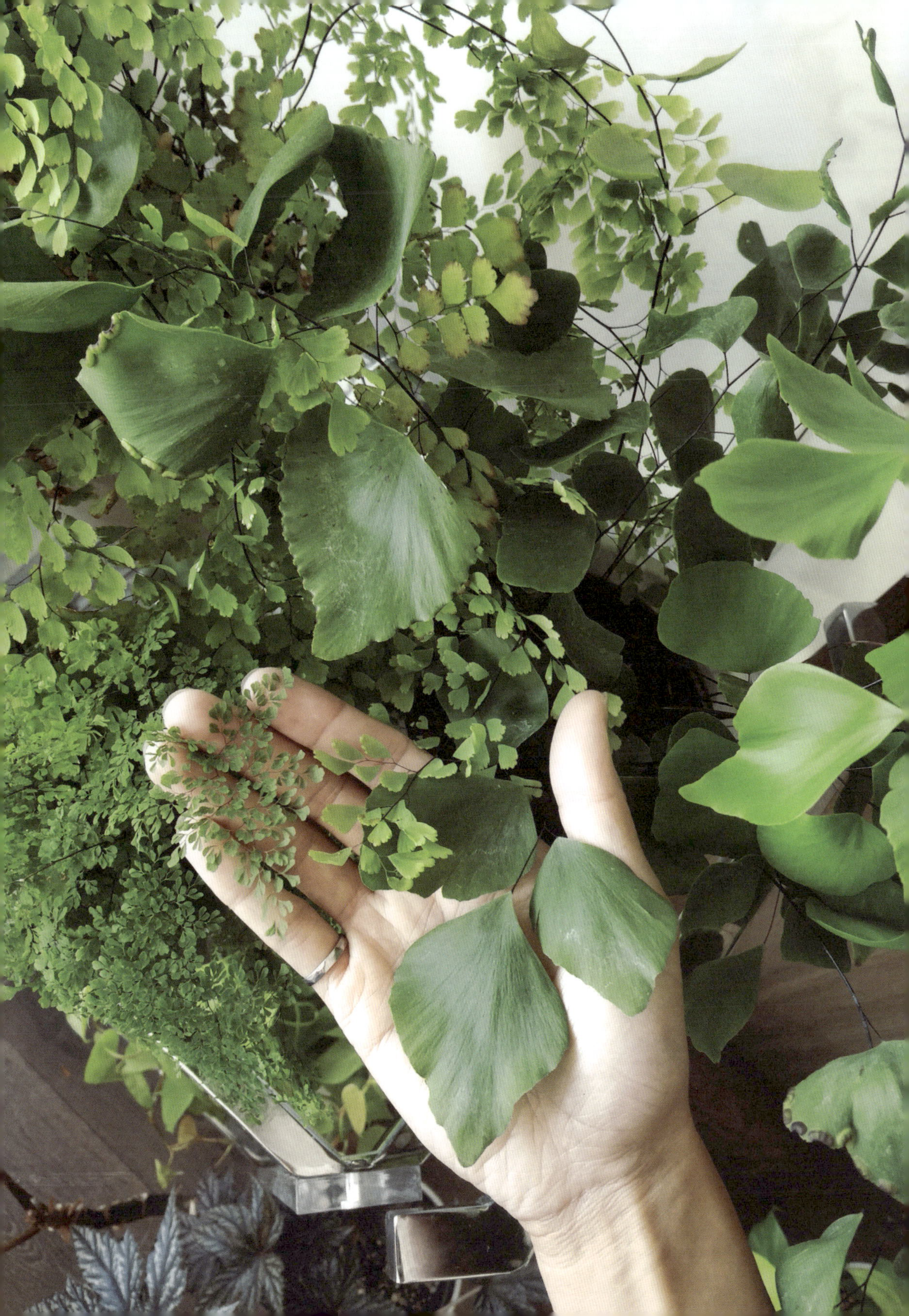

周遭環境

自然光：如果你的平均間接光照在 100 呎燭（20 微莫耳）以上，應該就能滿足植物充分生長所需，但植物在 400～800 呎燭（80～160 微莫耳）的範圍中會長得更好。大部分蕨類植物可以耐受 1～2 小時的直射陽光，但同步保持澆水十分重要；倘若陽光直射的時間較長，可使用白色的紗簾來分散陽光。

生長燈：蕨類植物一天中若有 12 小時可接收到至少 200 呎燭（40 微莫耳）（相當於每日光照量累積值達 1.7 莫耳／天）的光照，就能長得很好。

苗圃光照：商業化生產的蕨類植物栽種於 90% 的遮蔭度下，相當於一天中大部分時間都能接收到約莫 1,000 呎燭的光照量。

溫度與濕度：蕨類植物在攝氏 16～27 度（華氏 60～80 度）的日常溫度範圍內長得最好。大部分蕨類在平均室內濕度（40～60%）下長得最好，但在濕度較高（60～80%）的環境中，你必須同步保持澆水的任務會稍微容易達成。

付出心力

澆水：種植薄葉蕨類植物的土壤應隨時保持均勻濕潤，尤其鐵線蕨更是如此。葉子較厚、根莖較明顯的蕨類植物耐旱能力較好，可以在基質約莫半乾時再澆水。

施肥：可適用氮磷鉀比例 3-1-2 的肥料。

基質：標準盆栽土（3～4 份）添加若干珍珠岩或樹皮碎片（1 份）。在較高的光照水平下，你可以省略添加珍珠岩或樹皮碎片，讓較高的保水度來抵銷更快速的用水量。

（右圖）這就是為什麼對蕨類植物來說，「保持濕潤」比「避免直射陽光」更重要：鐵線蕨可在小巷弄中的排水處蓬勃生長——即使必須忍受數小時直射陽光的曝曬。

期待成果

如果你從一株小樣本開始試種，舉例來說，一個 4 英寸大的盆，那麼隨著植物不斷成長並填滿新的空間，你可以一年換一次較大的花盆；最後，你還可以將植物的根切開，分成兩株較小的植物。注意，蕨類植物不會以葉子的插條來進行繁殖，但若是有地下莖的蕨類植物，取自其根莖的插條則可成功地長出根來。

對於從中心點開始生長的蕨類植物來說，長期的照護方法是隨著新葉從中心點長出，不斷地修剪掉最老的、最外圍的葉子。你可能會看到新的幼株從母株旁的土壤中冒出，等到這些幼株大到足以被穩妥地安置於小盆中時，你就可以取出它們，分別種入各自的盆中。

可收集的蕨類植物種類

（左上）斐濟骨碎補（*Davallia fejeensis*）或稱兔腳蕨（rabbit's foot fern）。我將我的這株植物換盆種入一個裝有水苔的陶瓷盆，雖然盆中沒有排水孔，但我相信光照已強烈到足以驅使植物及時地消耗水分。這是植物換盆兩年後的模樣。

（右上）蟻蕨（Ant fern）以其與野生螞蟻的共生關係而得名。蟻蕨根莖中的通道讓螞蟻得以在裡頭棲身，提供蕨類養分（以螞蟻排泄物的形態）以換取牠們的庇護所。左：橘皮蟻蕨（*Lecanopteris lomarioides*）：有著毛茸茸紋理的根莖。右：藍蟻蕨（*Lecanopteris deparioides*）：有著看起來很像外星人的根莖。

（左下）各式各樣的蕨類，有著特別有趣的葉子，正等著被充分澆灌。前排：反光藍蕨（*Microsorum thailandicum*）或鈷蕨（cobalt fern）（左）與「鹿角」鳥巢蕨（*Asplenium nidus* 'Crissie'）（右）；後排：「眼鏡蛇」大鱗巢蕨（*Asplenium antiquum* 'Lasagna'）或眼鏡蛇蕨（lasagna fern）（左）與「大阪」鳥巢蕨（*Asplenium nidus* 'Osaka'）（右）。

（右下）反光藍蕨或鈷蕨有著硬挺的金屬般葉子，帶有彩虹的特性，可在某些光線下反射出藍綠色的光澤。

室內觀葉植物收集日誌

十二卷／琉璃殿

十二卷是一個令人驚嘆的屬，有數十個品種與雜交種可供收集。十二卷以一種緊湊、密實的簇生形態生長，因此，它們可以被置放在狹小的空間中長達數年之久。隨著植物的生長，幼株會從母株的基底附近冒出並聚集成叢，讓你可以輕易地將幼株與母株分開並贈予朋友，或者將整叢幼株留下來自己栽種。

十二卷的原產地為非洲南部，生長在乾燥的岩石縫隙、降雨稀少的大自然中。在人工栽培過程中，免受野生環境嚴酷考驗的十二卷終於能展現其迷人的葉片構造與特色。

最近的遺傳學研究，把一組曾經被認為屬於十二卷的植物從這一屬中分出。琉璃殿的葉子堅硬，帶有凹凸不平的白色羅紋，而十二卷的葉子光滑，有些區域是半透明的。但人們可能還是將所有的這些植物通稱為十二卷，而且在照顧方面，它們總的來說並無二致。

（右頁）戴夫收集的（真正的）十二卷：注意這些植物半透明的葉尖。

室內觀葉植物收集日誌

周遭環境

自然光：一天當中有 3～4 小時的直射陽光最是理想，剩下的時間有 200 呎燭（40 微莫耳）的間接光照就足夠了，但在高於 400 呎燭（80 微莫耳）的光照水平下會長得更好。

生長燈：十二卷一天中若有 12 小時可接收到約莫 400 呎燭（80 微莫耳）（相當於每日光照量累積值達 3.5 莫耳／天）的光照，就能長得很好。

苗圃光照：商業化生產的十二卷栽種於 3,000～5,000 呎燭（大約 50～70% 的遮蔭度）的光照下。

溫度與濕度：十二卷適合生長於攝氏 21～32 度（華氏 70～90 度）的溫度範圍以及平均室內濕度（20～60%）下。

付出心力

澆水：在基質全乾時澆水。倘若乾燥的時間特別長，有些十二卷的葉片會明顯皺縮垂軟，不再那麼飽滿厚實，這時只要澈底澆水，葉片會恢復豐盈。

施肥：任何氮磷鉀比例 3-1-2 的肥料都適用。

基質：類似大部分的多肉植物，十二卷的基質可以用上 2 份或 1 份的椰殼纖維／泥炭苔以及 1 份的粗砂／珍珠岩。如果光照水平較高，你可以將保水材料（椰殼纖維／泥炭苔）增加為 3 份，搭配 1 份的排水材料（粗砂／珍珠岩）。

期待成果

十二卷往外延展的速度並不像石蓮花與許多其他的多肉植物那麼快，所以你毋須頻繁地從植物頂端切下插條來繁殖。幼株會形成一叢緊湊、密實的團塊，看起來足以完好地保持數年之久；或者，你也可以選擇取出幼株，為自己另種一盆植物或送給朋友。有趣的是，十二卷往往在寒冷的冬季生長得較快，在炎熱的夏季則長得較慢；在某些情況下，植物的根部會在夏天相繼枯死，但只要氣候變冷、溫度下降，植物又會重新長出根來。

（左上）我設計這個琉璃殿的混種花器主要是為了方便上的考量，如此一來，我就可以同時給所有的這類植物澆水。

（右上）各式各樣的多肉植物在一盞生長燈下接受光照。

（左下）幼株從這株九輪塔（*Haworthiopsis coarctata*）的基底冒出。

室內觀葉植物收集日誌

可收集的十二卷種類

（左上）銳葉琉璃殿（*Haworthiopsis limifolia*）：俗稱「仙女洗衣板」（fairy's washboard）。

（右上）雷森琉璃殿（*Haworthiopsis resendiana*）是一種很適合長期栽種的植物，因為當它長得過高時，可以從頂端切下插條來繁殖。

（左）我的琉璃殿混種花器上：點紋琉璃殿（*H. glabrata*）（左）以及松之霜琉璃殿（*H. attenuata* var. radula）（右），葉子紋理有著細微的差別。

（右頁左上）松之霜琉璃殿（左）以及垂葉琉璃殿（*H. attenuata*）（後與右）：暫時將幼株種在微型陶器中很有趣，但它們終究要被植入尺寸適當的花盆中。

（右頁左中）所有這些植物可能被隨意地統稱為「大教堂窗十二卷」（cathedral window haworthia），但這裡有許多不同的品種──姬玉露（*Haworthia cooperi*）與水晶玉露（*Haworthia obtusa*）的各種雜交種與栽培種。

（右頁左下）貝葉壽（*Haworthia bayeri*）（左）以及玉扇（*H. truncata*）（右）有新開的花序。

（右頁右上）錦葉琉璃殿（*Haworthiopsis limifolia variegata*）是較為昂貴的銳葉琉璃殿雜色變種。

（右頁右下）「彩虹」萬象（*Haworthia maughanii* 'Rainbow'）有著扁平的葉尖。

146

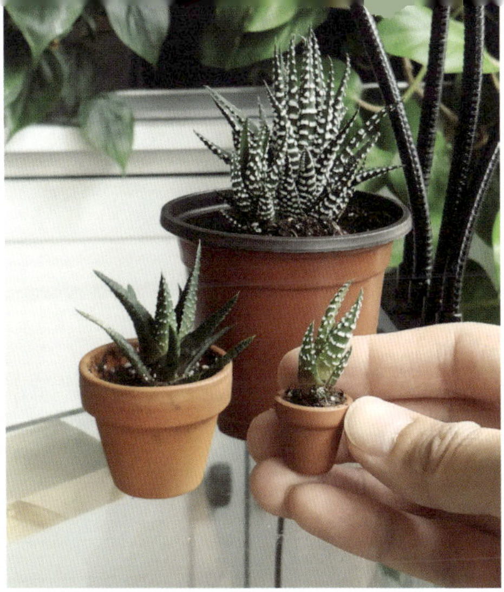

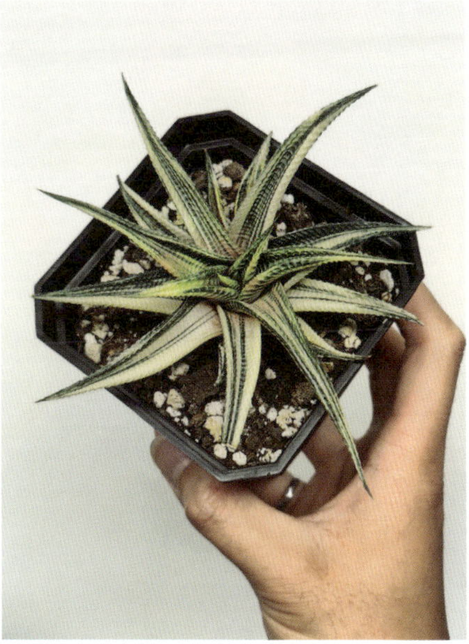

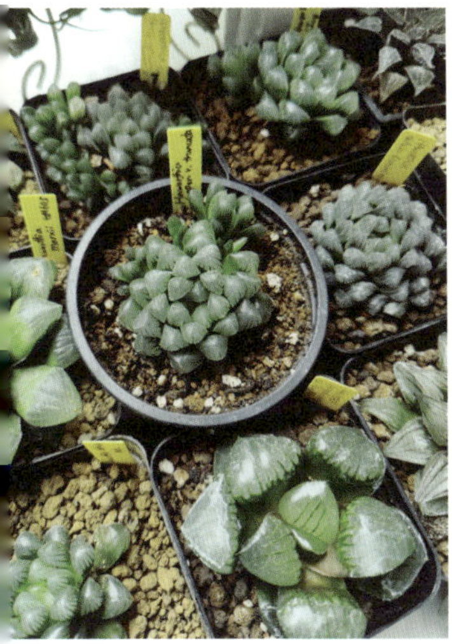

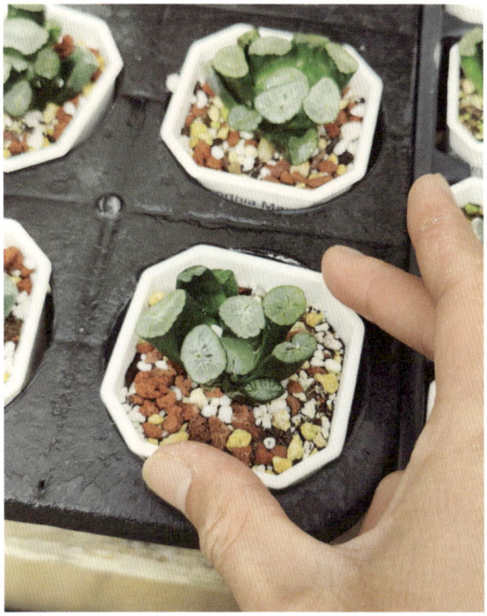

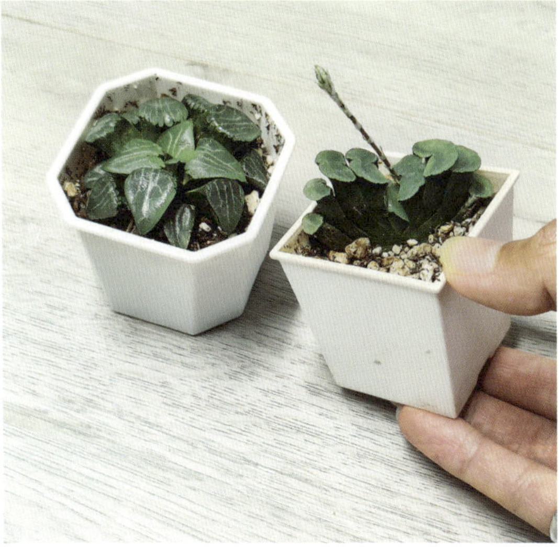

球蘭

在其自然棲地中，球蘭會攀爬上樹、或者沿著林地蔓延生長。球蘭屬包括有五百種以上的品種，大多有著又厚又硬的葉子，看起來色彩黯淡而單調，相當適合它們的俗稱：臘蘭（waxplant）。然而，由於許多球蘭有著各式各樣的葉子，更別提那些令人驚異的花朵、以及眾多的品種與雜交種，因此，收集球蘭可以成為一種令人上癮而且相當昂貴的嗜好。好在球蘭的繁殖相對簡單，雖然與某些天南星科的植物比較起來速度略慢，但你只需要一段帶有結節的莖幹插條即可進行繁殖。如果你的收集主要是單莖節的插條，你可以在一個極小的空間中培育許多球蘭的品種。

（左頁）與一般的球蘭（*Hoya carnosa*）比較起來，「威爾伯」球蘭（*Hoya carnosa* 'Wilbur Graves'）的葉子布滿了更多飛濺的斑點。

球蘭預期的生長過程

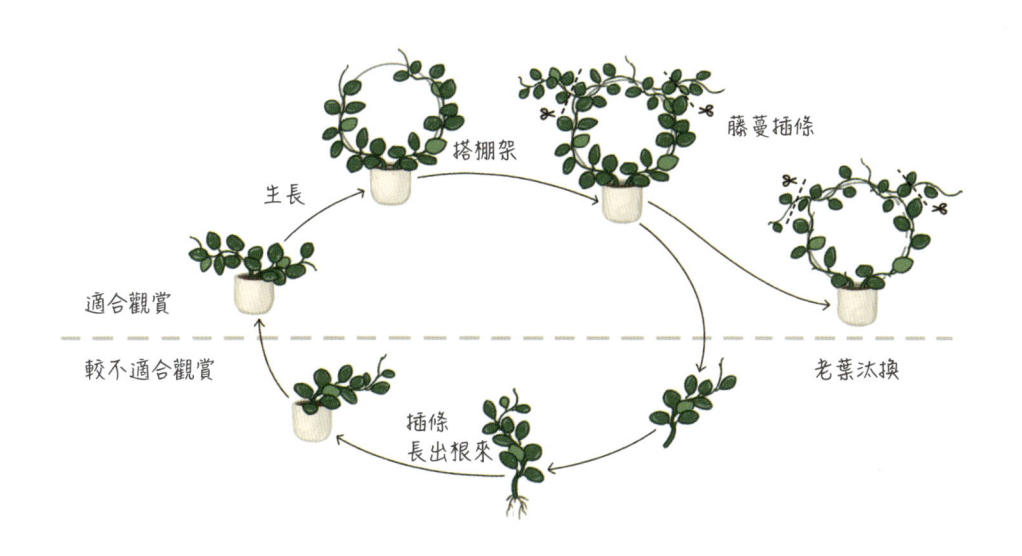

室內觀葉植物收集日誌　　149

周遭環境

自然光：一天 3～4 小時的直射陽光已是上限，同時必須配合澆水；剩下的時間有 200 呎燭（40 微莫耳）的間接光照就足夠了，但在高於 400 呎燭（80 微莫耳）的光照水平下會長得更好。

生長燈：目標是提供 4～10 莫耳／天的每日光照量累積值。一天 12 小時提供 1,000 呎燭（200 微莫耳）即可達成 8.6 莫耳／天的光照量累積值。較低的光照水平會使植物的生長變得略慢，譬如一天 12 小時提供 600 呎燭（120 微莫耳）（相當於 5.2 莫耳／天）的光照量。

苗圃光照：商業化生產的球蘭栽種於 1,500～2,000 呎燭（大約 80% 的遮蔭度）的光照下。

開花需要良好的光照。植物達到成熟期時，苗圃條件與生長燈的使用即可輕易促成植物開花；在室內，提供最大量的直射陽光則可促使植物開花。

溫度與濕度：球蘭適合生長於攝氏 18～29 度（華氏 65～85 度）的溫度範圍以及平均室內濕度（40～60%）下。

付出心力

澆水：球蘭能耐受完全乾燥的基質，但若是乾燥的時間不至於拖長到凋萎的程度（亦即葉片看得出起皺了），則能生長得更好。最好在基質大約半乾時澆水。

施肥：適用氮磷鉀比例 3-1-2 的肥料。

基質：以水苔與泥炭苔／椰殼纖維為主的基質皆適用於球蘭。你可以使用一半水苔與一半粗樹皮碎片的混合物，或者標準盆栽土（2 至 3 份）加上若干珍珠岩或樹皮碎片（1 份）。如果預計光照水平較低，可使用更多排水材料。

期待成果

球蘭會長出長長的藤蔓，很適合懸掛在棚架上或裹住棚架。如果經常搬弄植物，它們的藤蔓很容易受到損傷。當藤蔓開始長得比它們的支撐物更高大，你可以剪下插條，讓植物的主體看起來更整齊些。這些插條可以被種在水中或水苔中，然後再移植到小花盆裡；舉例來說，可將 3、4 條藤蔓種入一個 4 英寸的花盆中。這可以是很棒的禮物，或者移植到你現有的盆中──如果你的母株看起來略顯稀疏。

球蘭的花朵長在被稱為花梗（peduncle）的莖上，而這些花梗看起來就像是沒了葉子的莖幹。當你看到球蘭上有這樣的構造時，如果希望你的植物開花，就要小心別把它剪掉。

（右頁從左上開始順時鐘方向）：「心形斑葉」全日香球蘭（*Hoya parasitica* 'Heart Leaf Splash'）、捲葉球蘭（*Hoya compacta*）、「愛斯基摩」球蘭（*Hoya krohniana* 'Eskimo'）、雲葉球蘭（*Hoya caudata*）。

室內觀葉植物收集日誌

可收集的球蘭種類

（上圖）捲葉錦球蘭（*Hoya compacta variegata*）：這株植物扭曲／摺疊的葉子讓我聯想到幸運餅乾。凱為這株成熟的樣本提供了充足的光照，讓它開出了好幾朵花。

（右頁左上）珍娜（Genna）的「沙勞越」寬葉球蘭（*Hoya latifolia* 'Sarawak'）因陽光壓力而變成紅色，這是特定植物完全正常的反應，可活化花青素（一種保護植物免受紫外線傷害的色素）。

（右頁右上）這兩株線葉球蘭（*Hoya linearis*）吊籃占據了窗戶的黃金位置。

（右頁左下與右下）雲葉球蘭成熟後的葉子有種粗糙的質地（左），但剛長出來的葉子柔軟且有絨毛（右）。

室內觀葉植物收集日誌

與錢幣球蘭共度的時光

熱愛植物者看到東西總是會想著：「嘿，我可以在裡面種點什麼！」當我在購買廚房用品時看到這個水槽海綿架，心裡就是這麼想的。架上的吸盤意味著它可以被固定在窗戶上，這對植物來說可是最好的位置呢！這株錢幣球蘭（*Hoya mathilde*）小巧的葉子，使它成為種在海綿架中的理想選擇。

對這種情況來說，水苔是一種理想的種植介質：由於土壤基質暴露於空氣中的表面積增加，我需要用上某種能夠發揮良好保水作用、且不至於碎裂的東西，因為這不是傳統的種植容器。

標準換盆程序的第一步是：弄鬆舊的根球。苗圃使用的就是水苔，所以我覺得沒有必要去除大部分現有的材料。

接著，我在海綿架上鋪了一層水苔。

這種種植方式後來被稱為「球蘭塔可餅」（Hoya Taco）！

1 年

植物被固定在靠窗的位置，意味著它可以盡可能地獲得最廣大的天空視野所提供的絕佳光照。沿著其中的一條新蔓鬚，我發現了第一根花梗——我的錢幣球蘭要開花了！

1 年 8 個月

朋友警告我，我可能還需要幾個月的時間才能看到花苞，而且花苞也有可能枯萎——意指當花苞生長到一半，卻突然中止發育並脫落的情況。這可能會發生在植物經歷嚴重乾旱之時。但我的這顆花苞一定能成功盛開！

154

在澆水時，這個盆架在水槽中適得其所！比之傳統的土壤，水苔往往具備了更佳的保水性，這正是為什麼水苔在這種情況下能發揮良好作用，意即，植物暴露於空氣中的部分比種在傳統花盆中更多的情況；每當水苔幾乎全乾時，我就會把它拿到水槽中澆水。首先，我會用普通的自然水來澆濕它；接著，用水中溶有氮磷鉀比例3-1-2肥料的澆水壺來為它澆水。

3 年

正如任何的創意種植，植物的生長超出棚架所能支撐，或者照顧變得過於麻煩瑣碎的時候總是會到來。在這個例子中，為數不多的水苔開始更快變乾，使得我的澆水任務成了一件惱人又頻繁的苦差事。

4 年

我將錢幣球蘭種入一個有水苔的塑膠育苗盆，再放入另一個裝飾用的花盆中，類似格蕾西的裝扮。這些藤蔓可以用小段的軟鐵絲束帶來固定，而且可以隨著藤蔓的生長輕鬆調整。

2 年

我的錢幣球蘭回報了我一叢美好動人的花朵！所有的球蘭花朵都是以各種色彩的球形結構組成，香氣可能很刺鼻，散發出香草、巧克力、蜂蜜的味道，而花蜜亦可能相當黏稠！

安德魯為他的女兒格蕾西（Gracie）設計了這套可愛的裝束，也成了我為我的錢幣球蘭設計出下一個階段的靈感：一個環形的棚架！安德魯剛好有出售這些一模一樣的棚架，所以我給自己買了幾個！

5 年

我將這株植物安頓在我那扇面朝東南的窗戶正前方，為它提供了2、3小時的直射陽光以及落在400～600呎燭範圍的間接光照，從而帶來絕佳的生長成果：藤蔓冒出了許多新葉，完美地長滿了環形的棚架。

室內觀葉植物收集日誌

兩株球蘭的故事

心葉球蘭（*Hoya kerrii*）因其心形葉子而成為極受歡迎的情人節禮物。遺憾的是，許多的這些新奇品項從未長成一株完整的植物，因為它們都是「盲切的插條」（blind cutting）——會長出根來，但並不包含任何莖幹組織，因此永遠不會出現新的生長點。當我找到一株完整的植物時，我馬上買下了它；額外的好處是，這個品種有著雜色的斑葉。大約就在同一時間，我決定嘗試栽種球蘭屬的植物：心葉錦球蘭（下方）、「雀兒喜」球蘭（*Hoya carnosa* 'Chelsea'）（左上）、「緋紅公主」球蘭（*Hoya carnosa* 'Krimson Princess'）（右上）。讓我們觀察其中兩種的生長過程。

厚實的葉子讓這株球蘭有著多肉植物般的特性，因此，它們可以被種在排水良好的盆栽土壤中，並在土壤全乾時再澆水。可惜的是，相對於其他球蘭，心葉球蘭的生長速度往往略慢—如果你的光照水平始終保持著間接光照，落在100〜400呎燭的範圍中。我的植物在大約半年的時間內始終保持著同樣的大小。

6 個月

顯示新生長的第一個跡象！你可以看到這株植物經過剪切，新的葉子從之前的生長節點長出。

8 個月

正如我所預期，在沒有任何直射陽光的間接光照（100〜400呎燭）下生長的葉子，不像在苗圃

中（一天中大部分時間可能保持著1,000～5,000呎燭的光照水平）生長的葉子般平坦或色彩斑駁多變。

1 年 6 個月

在我的新公寓中光照情況略好一些，下午有2～3小時的陽光，早上有100～200呎燭的間接光照。這株植物開始看起來比我剛購買時要大些了！

3 年

4 年

雖然這株植物在這些年來也汰換了好些葉子，但看到這一片枯葉還是有些不捨，因為它一直是視覺的焦點（沒錯，你可以有自己最喜愛的葉子！）回顧之前的照片，它就是讓你目不轉睛的那片葉子！

我最近給心葉球蘭重新換盆，並將它放進我的宜家溫室陳列櫃中。植物出現了爆炸性的新成長，彷彿它一直在等待更好的光照與新鮮的盆栽土壤；它占據了頂層的黃金地段，一天有12小時可接收1,000呎燭（180微莫耳）的光照（相當於每日光照量累積值達7.8莫耳／天）。

在此之際，我的「緋紅公主」在6英寸的盆中看起來很棒，但我後來在為它換盆時發現了根部的粉介殼蟲；根部的害蟲很難處理，所以我決定乾脆剪下一些藤蔓重新繁殖。

1 年

有時，我把繁殖視為一種園藝的分靈體，一種藉由保持植物的某些部份存活（即使其他部分已然凋零）來延長其生命的方式。

室內觀葉植物收集日誌

1 年 6 個月

正常來說,最好別將繁殖的插條留在水中太久;但有時候,我會延遲將繁殖部位移植到盆中的時間。

1 年 9 個月

我終於得空把植物移植到花盆中。很多人擔心如果把植物留在水裡太久,它在土壤裡會長不好;這點你可以放心,如果能提供植物充足的光照,它的存活機會將比你所想像的要大得多。

新的光照水平

在溫室陳列櫃的頂層中,這株「緋紅公主」跟其他球蘭朋友放在一起,包括心葉球蘭與錢幣球蘭。光照數據如下:一天中有12小時可接收到1,000呎燭(180微莫耳)的光照量(相當於每日光照量累積值達7.8莫耳/天)。

放入溫室陳列櫃後 1 個月

新葉出現!我欣喜若狂地看到新葉上泛出鮮明的粉紅色——這是這株球蘭的主要特徵。現在,這株植物已然移植到土壤中了,因此我恢復了原來適用於球蘭的澆水策略:在土壤部分或幾乎全乾時澆水,水中摻入氮磷鉀比例3-1-2的肥料。

放入溫室陳列櫃後 4 個月（右頁）

這根藤蔓如今又長到足以再次進行繁殖了,但我逐漸喜愛上這株植物長成單單一根藤蔓的模樣;你不一定非得有許多藤蔓長得滿溢出來的大花盆,才能享受植物帶來的樂趣!

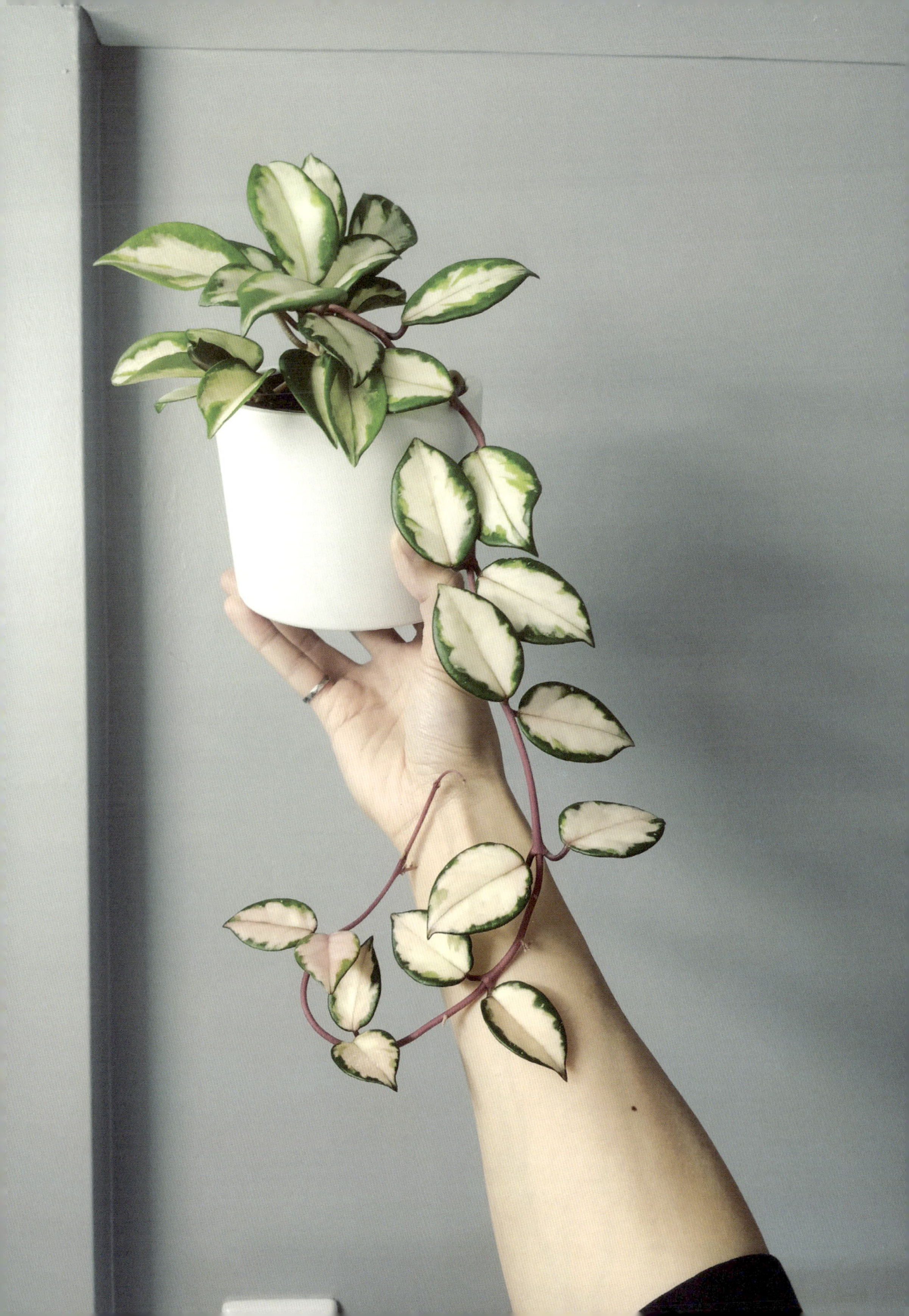

龜背芋

我與我的「泰斑」(Thai Constellation)
龜背芋自拍。

龜背芋屬中最知名的就是龜背芋，純綠色的經典植物。近年來，有著雜色斑葉與多樣葉子結構的栽培種越來越受歡迎；而且直到撰寫本文時，這些品種的價格並不便宜。如今，不常見的龜背芋已躋身令人更想擁有的室內植物之列，在社交媒體上各自有其廣大的粉絲群！

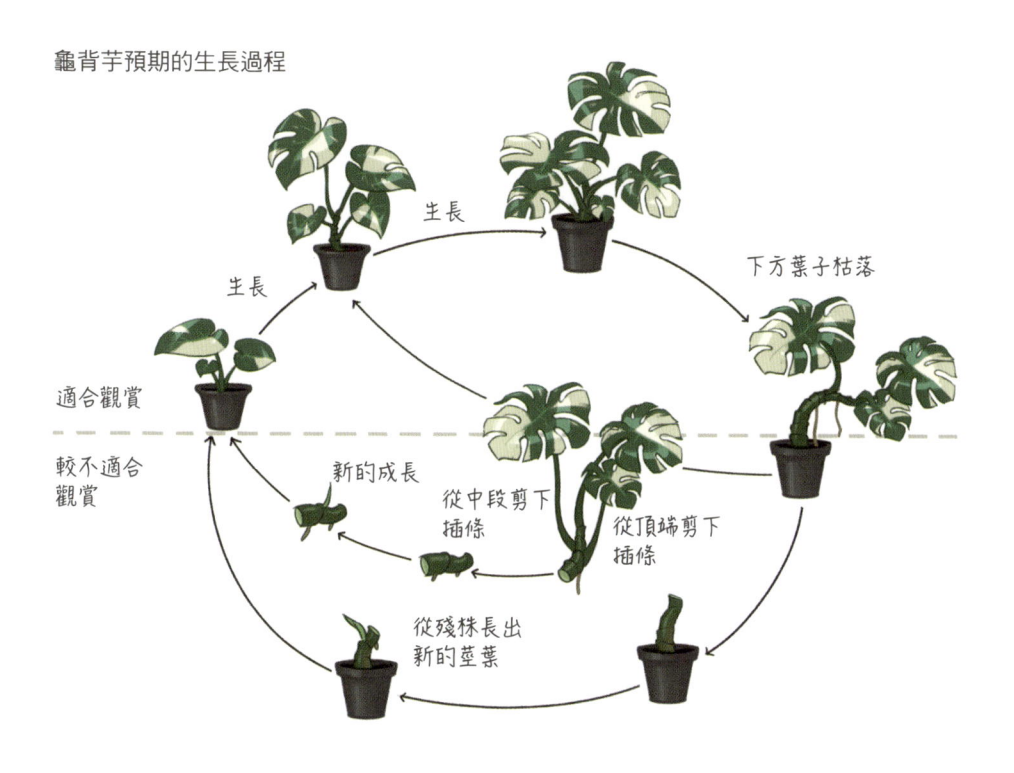

龜背芋預期的生長過程

生長

生長

下方葉子枯落

適合觀賞

較不適合觀賞

新的成長

從中段剪下插條

從頂端剪下插條

從殘株長出新的莖葉

室內觀葉植物收集日誌

周遭環境

自然光：為了讓植物長得好，試著找到一扇夠大的窗戶以提供接近 400 呎燭（80 微莫耳）的間接光照。龜背芋可以耐受 2～3 小時的直射陽光，但你應該警覺地檢查土壤濕度。對雜色的栽培種來說，直射陽光必須被分散才行。

生長燈：一天 12 小時保持 400 呎燭（80 微莫耳）的光照水平，可提供 3.5 莫耳／天的每日光照量累積值，對龜背芋來說應該就足夠了。

苗圃光照：商業化生產的龜背芋栽種於 2,000～3,000 呎燭（70～80% 的遮蔭度）的光照下。

溫度與濕度：龜背芋在攝氏 18～29 度（華氏 65～85 度）的溫度範圍以及平均室內濕度（30～50%）下長得最好。葉子較為纖弱嬌嫩的龜背芋則在較高的濕度（60～80%）下會長得更好。

付出心力

澆水：在土壤半乾時澆水。觀察基質的水分含量，當含量介於飽和與全乾之間，就是該澆水的時候了。龜背芋是耐旱的植物，可從一段乾旱時期中恢復生機，但成長將會受到阻礙。

施肥：適用氮磷鉀比例 3-1-2 的肥料，液體肥料或緩效性肥料皆可。

基質：標準盆栽土（2 至 3 份）加上若干珍珠岩或樹皮碎片（1 份）。如果預計光照水平較低，可使用更多排水材料。

期待成果

以單一藤蔓種植的龜背芋只會長得越來越長，隨著下方的葉子不斷枯萎、脫落，基底成為一根無葉莖幹的時候終將到來。如果你想讓植物保持整齊、茂密，可以切下藤蔓的生長尖端當成頂端的插條，並將其種入水中，或者直接種入合適的基質當中；剩下的莖幹可以被切成數段，當成「濕枝」（wet-stick）（亦即，一段帶有至少一個生長節點的莖幹）來繁殖，又或者莖幹仍留在原來的盆中，則應該會出現新的生長點。大部分擁有珍稀栽培種的收集者會出售下方的莖幹、保留頂端的生長部位，因為這部位長出開孔裂葉（參見下文）的機率最高，而且應該會繼續長出帶有窗形孔洞的類似葉子。

有時，幼株會在土壤層形成，這些幼株可以被取出，另種成一株新的植物。

我如何讓植物長出更大片的開孔裂葉？

帶有孔洞與裂縫的大片龜背芋葉子，被稱為開孔裂葉（fenestration），源自法語的「窗戶」（fenêtre）。從一個新生長點長出的頭幾片葉子（幼葉），剛長出來時是完整、無空隙的心形；但在良好的生長條件下，後續的葉子會發展出更複雜的形狀。

養出更多開孔裂葉的祕訣，就在於植物所接收的光照量。我曾經進行一項小規模的A/B試驗，對象是從我的龜背芋母株分出的兩個幼株，這意味著它們的基因與母株完全相同。

光照情況1：

在強烈的生長燈下，一天有14小時可接收到約1,900呎燭（或380微莫耳）的光照量，約當19莫耳／天的每日光照量累積值。

光照情況2：

在間接的自然光下，一天中大部分時間的測量值不高於50呎燭（10微莫耳）；倘若我們假設這樣的光照水平可持續8小時，即可提供大約0.3莫耳／天的每日光照量累積值。

2個月後，接收到19莫耳／天的植物（右）不僅長出更多葉子，每片帶有側邊切口的葉子更是愈長愈大。而接收到0.3莫耳／天的植物（左）長出的葉子較少，尺寸也較小。

8個月後，最新的葉子已經在中脈兩旁長出了孔洞；可以肯定的是，這株植物已經準備好要換另一個更大的花盆了！

室內觀葉植物收集日誌

照顧雜色品種：「泰斑」龜背芋的觀察所得

第1天

我想嘗試栽種一種龜背芋的雜色栽培種,所以我買了一小株「泰斑」,這是在泰國的實驗室中生產出來的突變品種,特色是綠葉上布滿白色斑點——宛如遍布繁星的天空,儘管若干葉子有著更大的白色斑塊。我負擔得起一小株樣本,但它的生長速度明顯比普通的綠色龜背芋慢得多,所以我必須耐心等待開孔裂葉的出現。

1年

新葉長出了孔洞裂隙!任何龜背芋的收集者都會為此欣喜若狂。在良好的生長條件下,下一批新葉可能會長出更多的孔洞。到目前為止的光照情況是:一天維持3小時左右、測量值1,000～2,000呎燭(200～400微莫耳)的漫射陽光,剩餘時間則保持200～400呎燭(40～80微莫耳)的間接光照。我在土壤達到60～80%的乾燥程度時澆水,水中加入氮磷鉀比例3-1-2的肥料。

2年

在調整花盆的大小之後,我們遭受了薊馬(thrips)侵襲。經過數月勤奮地以人工方式清除並以殺蟲肥皂水噴灑,讓蟲害得到了控制,並在植物的下方葉子上留下好些戰鬥的傷疤。

隨著葉子的快速生長,又到了該換盆的時候。根據龜背芋的一條經驗法則,你可以調整花盆的尺寸,讓它跟最大片葉子的直徑一樣大。

年輕的龜背芋根部生長得非常快速,這意味著在一年之中,它的根就會扎滿整個花盆。務必要在換盆之前鬆開它的根球:考慮到要讓大部分的根可以無拘束地探索新的土壤,在這裡或那裡折斷一些根是沒有關係的。

3年(左頁)

最下面的葉子已經變黃了,而這片葉子恰好是我跟這株植物在一起度過的第一年年底時長出的新葉。如今,兩年前的葉子全都枯落汰換了,但整株植物看起來還是很棒——這要歸功於從那時以來長出的所有新葉。4年之後,我的植物開始長出好些中脈兩旁有著孔洞的裂葉(參見第160頁)。「泰斑」龜背芋肯定是我的最愛之一!

照顧雜色品種：「白斑」龜背芋的觀察所得

第1天（左上）

茹絲取得一株「白斑」龜背芋。這個栽培種的白色斑點比「泰斑」龜背芋更引人注目，生長模式也跟「泰斑」略有不同，但主要的差異在於它是一種不穩定的突變品種；這意味著當植物長出新葉時，有可能不會出現雜色斑點。如果它有一根莖幹回復到只能長出純綠的葉子，唯一能「帶回」雜色斑點的方法，就是將其切斷到僅剩下帶有雜色斑點的莖段，然後等待新生長點的出現。（你可能會發現，某些雜色黃金葛也會發生同樣的事，但是你當然不必等待新葉出現！）

7個月（左下）

茹絲決定要裝一根苔蘚柱來支撐她的「白斑」龜背芋。

9個月（右）

當主藤蔓可以靠著垂直的表面生根時，植物似乎就能快速生長。茹絲欣喜若狂！

為木瓦花葉龜背芋提供支撐

第 1 天

我的新花葉龜背芋（*Monstera dubia*）！就跟藤芋一樣，這株龜背芋的幼葉似乎會尋找平坦的表面，並在宛如木瓦（shingle）般的表面上生長；這種表面生長的術語是「貼附」（appressed）。大部分栽種者可以用粗糙的木板達到良好的木瓦效果，因為木板的多孔表面可以讓氣根完美地附著於其上，附著需要持續地補充水分。雖然在苗圃或室外環境每天給木板澆水很容易，但在室內做這件事可能會變得單調乏味且令人厭煩。

4 個月

我可以製作一塊苔蘚板來達到木瓦效果。我用水苔鋪襯在一塊木板上，再以塑膠柵欄網為其固定。某些光照非常適度的生長燈（一天中有12小時的測量值為200呎燭，相當於1.7莫耳／天的每日光照量累積值）亦有助於這個過程。

藤蔓需要一段時間才能在苔蘚中扎根，因此，我用一小段外層有橡膠包覆的鐵絲線，將藤蔓固定在苔蘚板上。

可收集的龜背芋種類

（左上）「秘魯」窗孔龜背芋（*Monstera obliqua* 'Peru'）在龜背芋屬中擁有最多孔洞的開孔裂葉。

（右上）梅莉莎的「黃斑」龜背芋（*Monstera deliciosa* 'Aurea'）：類似「泰斑」龜背芋，但是帶有黃色／金色斑點。它是一種穩定的突變品種，在良好光照下可以一直保持著雜色的斑點。

（右下）斑葉翼葉龜背芋（*Monstera standleyana variegata*）：長而閃亮的葉子類似黃金葛，但白色斑點間或參雜白色區域的雜色斑葉則類似「泰斑」龜背芋。這個品種的生長習性宛如藤蔓，數根藤蔓可以合併起來放在同一個花盆中，長成一株漂亮的植物。在光照水平較低的情況下（每日光照量累積值小於2莫耳／天，或在一天中大部分時間小於200呎燭），莖節與莖節之間的間距會變長，葉子也會愈長愈小。如果需要的話，你可以輕易地加以修剪並以插條的方式來繁殖。

（左上）喀斯泰尼亞姆龜背芋（Monstera karstenianum）通常被稱為秘魯龜背芋（Monstera Peru），葉子有著水泡狀的紋理以及些許光澤。藤蔓有時會長得很長，而葉片會隨之變小，但你隨時可以把藤蔓剪下來繁殖新的植物。讓植物沿著苔蘚柱生長，應該就會長出更大片的新葉。

（右上）小窗孔龜背芋（Monstera adansonii）：達斯汀的植物已經長到苔蘚柱的頂端並開始延伸出長長的藤蔓，或者如達斯汀所稱的「綠色繩索」。過去，小窗孔龜背芋被當成更受歡迎的窗孔龜背芋來販售，直到一波社交媒體意識到這一點並創造出「它從來就不是窗孔龜背芋！」（It's never obliqua!）這樣的一句話。隨著越來越多的照片展示這兩種植物之間的形態差異，世界各地的收集者也逐漸能識別並區分常見的小窗孔龜背芋與稀有的窗孔龜背芋。

（右下）「巴西火焰」龜背芋（Monstera 'Burle Marx's Flame'）是一種昂貴的雜交種，達斯汀的植物在生長燈的光照、持續且澈底的澆水，以及適當的施肥照料下長得很好。注意最上端（最新）的葉子已經長成開孔極深的裂葉，讓人可以清楚看出這種植物之所以有「火焰」之名的原因。

室內觀葉植物收集日誌

椒草

椒草屬有數千個品種，其中許多收集起來充滿樂趣，而且價格也不會過於高昂，因此，你可以用一筆相對適度的預算來增加你的收集。至於空間，椒草通常為小型植物，栽種在4〜8英寸的花盆中即綽綽有餘，因此，它們可以被安頓在桌子、小架子，或是窗臺上。同時，各種椒草的生長習性各異——有些的莖幹會不斷長高，有些則緊湊密實地成簇生長，葉形與顏色也有多種變化，更添趣味性。

　　當生長條件良好、植物也達到一定年齡時，所有的椒草都會長出宛如光禿馬尾巴般的花序，而實際長在花梗上的花朵十分微小。有些收集者建議將其剪除，讓植物得以把生長資源集中在它們的葉子上，但我喜歡把這些花朵留下來觀賞。

（右頁）雖然椒草的葉子差異頗大、各異其趣，但所有的花朵都有一種類似的直立結構。

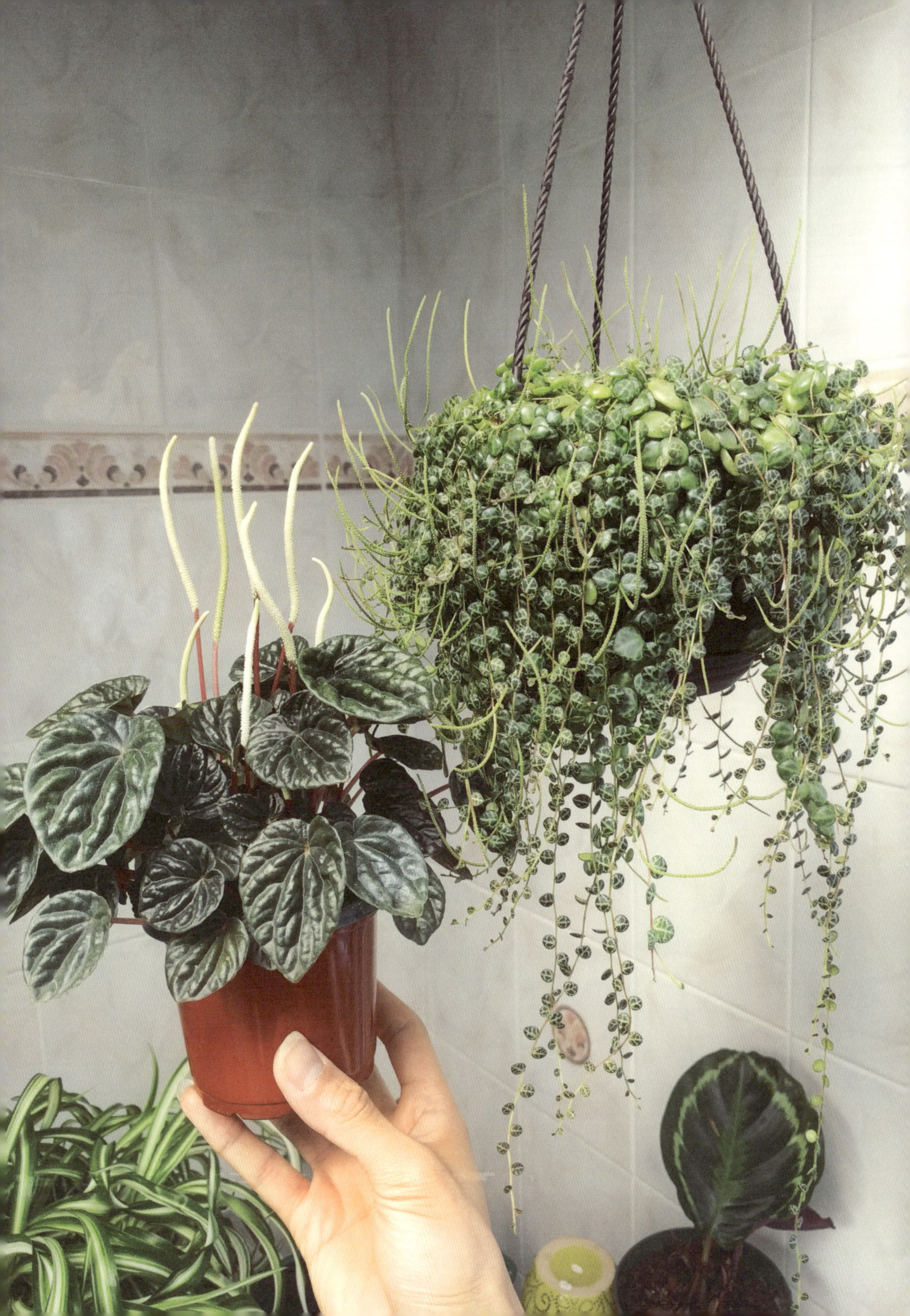

周遭環境

自然光：如果你的間接光照可以保持在 100 呎燭（20 微莫耳）以上，植物即可獲得充足的成長，但在 400～800 呎燭（80～160 微莫耳）的範圍中，植物會長得更好。椒草可以耐受 1～2 小時的直射陽光，倘若陽光直接曝曬的時間較長，可使用白色的紗簾來分散陽光。

生長燈：椒草一天中若有 12 小時可接收至少 200 呎燭（40 微莫耳）（相當於每日光照量累積值達 1.7 莫耳／天）的光照，就能長得很好。倘若你能提供一天 12 小時 400～800 呎燭（80～160 微莫耳）範圍的光照水平（相當於每日光照量累積值達 3.5～6.9 莫耳／天），能促使植物成長得更好。

苗圃光照：在商業溫室中生產的椒草需要 1,500～3,500 呎燭（300～700 微莫耳）的光照，遮蔭度約莫 70～90%。

溫度與濕度：椒草在攝氏 18～24 度（華氏 65～75 度）的日常溫度範圍內長得最好。大部分椒草在平均室內濕度（40～60%）下可以有良好的生長。

付出心力

澆水：在椒草的土壤剛過半乾的階段時澆水。大部分椒草都屬於半肉質、有著厚葉的植物，這讓它們可以耐旱，但是當土壤全乾時，植物就會開始凋萎；最好在植物缺水到這種程度之前就為它澆水，以避免產生永久性的根部損傷或組織扭結。當土壤完全乾燥時，莖幹較柔軟的品種會開始枯萎下垂，發生這種情況時得立即澆水。

施肥：適用氮磷鉀比例 3-1-2 的肥料。

基質：標準盆栽土（2 至 3 份）加上若干珍珠岩或樹皮碎片（1 份）。如果預計光照水平較低，可使用更多排水材料。

期待成果

有真正莖幹的椒草會不斷長高，最終沉重地下垂。你隨時可以從頂端剪下插條，重新種植這株植物。從中段剪下插條並置放於繁殖箱中的水苔或潮濕的珍珠岩中，可以促發新的生長點；殘餘的根株也可以萌發一個新的生長點。

對於簇生型椒草來說，譬如西瓜皮椒草（*Peperomia argyreia* / watermelon peperomia）以及任何波紋葉（rippled leaf）類型的椒草，也都可以從頂端剪下插條來繁殖，但商業溫室偏好以切葉的方式來繁殖。將一片健康的葉子沿著葉脈切成兩半，然後將切面朝下插入任何潮濕的基質中，務使基質始終保持潮濕不變乾——這在密封的繁殖箱或保濕罩中較容易做到。繁殖過程中僅需適度的光照：可嘗試在沒有任何直射陽光的情況下，以生長燈或類似的間接光照提供一天 12 小時 100 呎燭（20 微莫耳）的光照水平。

（左圖）沒有真正莖幹的椒草，譬如你在這裡看到的西瓜皮椒草以及任何波紋葉子類型的椒草，都可以用切葉的方式來繁殖，新的莖葉會從老葉的葉脈長出。

直立型椒草（Upright peperomia）預期的生長過程

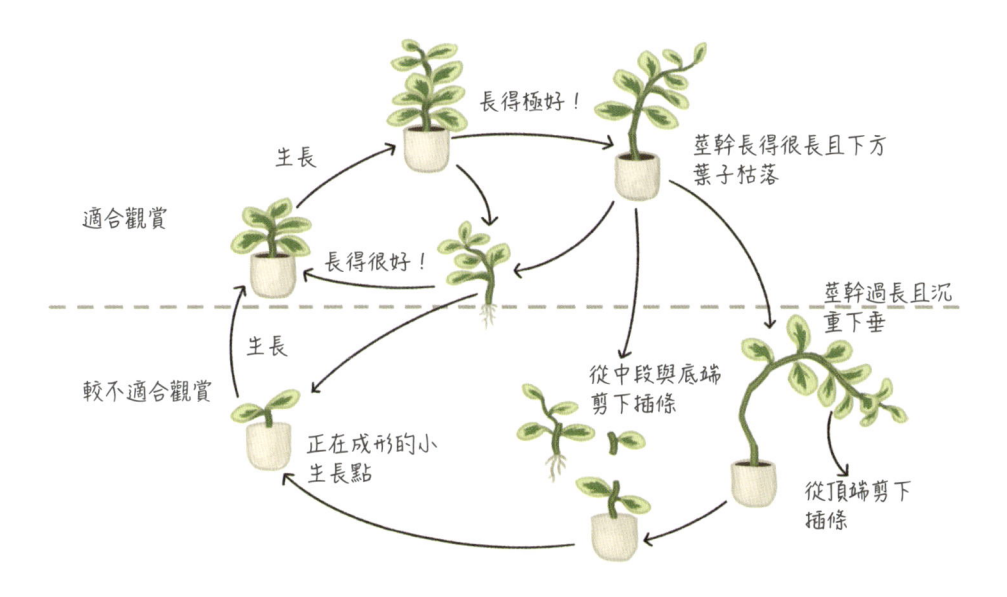

適合觀賞

生長 → 長得極好！ → 莖幹長得很長且下方葉子枯落

長得很好！

較不適合觀賞

生長

正在成形的小生長點

從中段與底端剪下插條

莖幹過長且沉重下垂

從頂端剪下插條

簇生型椒草（Rosette peperomia）預期的生長過程

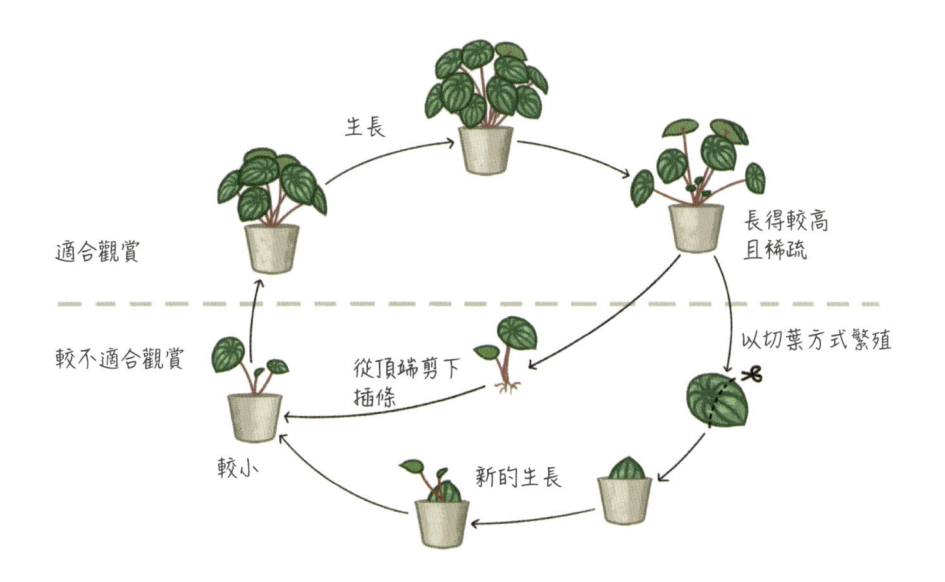

適合觀賞

生長 → 長得較高且稀疏

較不適合觀賞

較小 ← 從頂端剪下插條 ← 新的生長 ← 以切葉方式繁殖

室內觀葉植物收集日誌

可收集的椒草種類

（上圖）椒草的收集：圓葉椒草（*Peperomia obtusifolia*）（左）、紅邊椒草（*Peperomia clusiifolia*）（右）、蔓椒草（*Peperomia prostrata*）（後）。

（右圖）西瓜皮椒草十分醒目。當這種椒草尚在苗圃中培育時，由於來自各個角度的光照皆可被均勻地分散，它們的葉子會自行長成一種可愛的排列組合，這些葉子並非從真正的莖幹上長出，而是從土壤中冒出的一叢葉柄上長出。

收編一株乳斑圓葉椒草

第 1 天

為我妻子的辦公室尋找一株新生的乳斑圓葉椒草（*Peperomia obtusifolia* 'variegata'）（也被稱為「迷你橡膠樹」（baby rubber plant））以作為她的桌上植物。我們確定她桌子附近的窗戶夠大。

1 年

這株椒草得轉交給我了，因為我妻子的辦公室要搬遷，新的地點被高樓大廈遮擋而陰暗了許多。

我將這株植物養在我辦公室的廚房，讓它在一天大部分時間中可接收到200～400呎燭的間接光照以及偶爾才會有的直射陽光（由於室外有障礙物，因此不會超過一個小時）。這株椒草還是長得很令人滿意。

3 年

主莖幹笨拙地延伸到花盆外了，但我決定讓它們就這樣繼續長下去，看看它們會呈現出什麼樣的結構與外觀。

3 年 6 個月

笨拙與否是見仁見智的問題。我認為這些扭曲的莖幹大聲歡呼著：「我們屬於這裡！」植物是由它們所接收的光照形塑出來的。

免費附贈的白脈椒草

第 1 天

當我去向一位好心的女士購買幾株植物時,她免費附贈了一株椒草給我,一株白脈椒草(*Peperomia puteolata*)!白脈椒草俗稱平行椒草(parallel peperomia),葉子堅硬,會以3或4片一組的方式沿著淡紅色的莖幹生長,而莖節之間的間距深受每日平均光照水平影響;不過,即使莖幹變長,植物看起來還是很不錯,最終形成一種吊掛的生長習性。一天中的大部分時間保持200呎燭的光照水平,植物就能長得很好;如果你也能提供1或2小時的直射陽光,植物會長得更好。

1 個月

一株快樂的室內植物,最無庸置疑的跡象就是新葉的出現!

1 年

端坐在我辦公室廚房窗臺上的這株植物,一天中大部分時間都可以接收到200～400呎燭範圍內的間接光照,而由於鄰近較建物的遮擋,直射陽光只會偶爾出現,而且不超過1小時。

2 年

白脈椒草的繁殖可以很容易地藉由莖段來完成:從莖幹剪下插條並讓這些插條在水中生根。如果你在一組葉子下方留下夠長的莖幹,莖幹會在水中生根,而葉子則會自然地倚靠著繁殖容器的邊緣。我把植物的繁殖分株送給了兩個朋友,傑西與珍妮。傑西的植物如上圖所示。送出繁殖的分株有時可說是一種形式的保險,或者,對哈利波特迷來說,一種園藝的分靈體。

3 年

大災難!我的新公寓朝西,而且因為我的公寓比周遭大部分建築都高,太陽一天會直射我的植物3～4小時。我把這株椒草留在好些其他植物的後方,以至於我有時會忘了檢查它是否該澆水了。需要「明亮間接光照」的植物接收直射陽光的問題在於:並非任何直射陽光都會立刻使植物被曬乾、枯死,而是水分的使用速度會加快,從而使你的即時澆水任務變得越發困難。快速的用水也意味著,植物可能會更快達到凋萎的臨界點——正如我的白脈椒草所面臨的命運。不幸中的大幸是,我的朋友傑西從我這兒取得的分株長得很好,並且回送給我它的插條,也給了我一個新的開始!我將插條放入一小瓶水中,幾週之後就生根了。

照料蔓椒草

第 1 天

有些植物，是當你凝視它的所有微小細節時會深深為之著迷的那種，而有時會被稱為海龜串（string of turtles）的蔓椒草就是其中之一。它圓盤狀的葉子有著各種形狀與大小：有的豐滿鼓脹、有的帶著醒目的斑紋，而葉子之間似乎綻放出宛如尾巴的小花。

1 年

植物有時會激發你的創造力，製作出一個可以烘托植物形狀的特殊花器。為了我的蔓椒草，我將聚氯乙烯（PVC）塑膠管改造成一個三管狀的花盆以凸顯其飄垂的特色。

1 年 6 個月

葉蟎（Spider mite）！這就是為什麼隔離所有被害蟲侵擾的植物很重要──昆蟲很容易就會跑到附近的植物上。我用殺蟲的肥皂水噴灑植物，但這場戰鬥注定要失敗我心知肚明，因為植物可供蟲子躲藏的地方太多了。

2 年

經過數月堅持不懈的噴灑，我決定試著藉由繁殖盡可能多的健康莖幹來重新種植這株植物。我將這些葉串放在好些潮濕的盆栽土壤上（放在一個很淺的盤子上就可以了），安置在一個繁殖箱中。等到它們長出根來，我就能重新栽種這株植物了。

室內觀葉植物收集日誌　　177

蔓綠絨

蔓綠絨一直是室內植物產業的主要品項，它們光滑的大葉（也有好些有著天鵝絨般的質感）以及乾淨的生長習性，使其成為收集者長久以來最喜愛的一個植物屬。有些品種與栽培種長得相當快，這可以是幸事或詛咒；你可以在一段短時間內讓你的朋友有幸獲贈你的插條（通常在一年之內），但是要跟上一株植物──不斷長到超出你的空間──的腳步，可能極具挑戰性！在熱帶雨林中，新的蔓綠絨品種不斷被發現。近年來，好些曾經被認為是屬於蔓綠絨的老同伴，已被重新分類至其他的屬。就像植物本身，蔓綠絨的世界也在不停地改變。

（右頁）詹恩（Jan）收集的蔓綠絨與龜背芋──由左至右：銀杏龜背芋（*Monstera siltepecana*）、花葉龜背芋、螢光蔓綠絨（*Philodendron verrucosum*），以及「榮耀」蔓綠絨（*Philodendron* 'Glorious'）（錦緞蔓綠絨〔*Philodendron gloriosum*〕與絨葉蔓綠絨〔*Philodendron melanochrysum*〕的雜交種）。

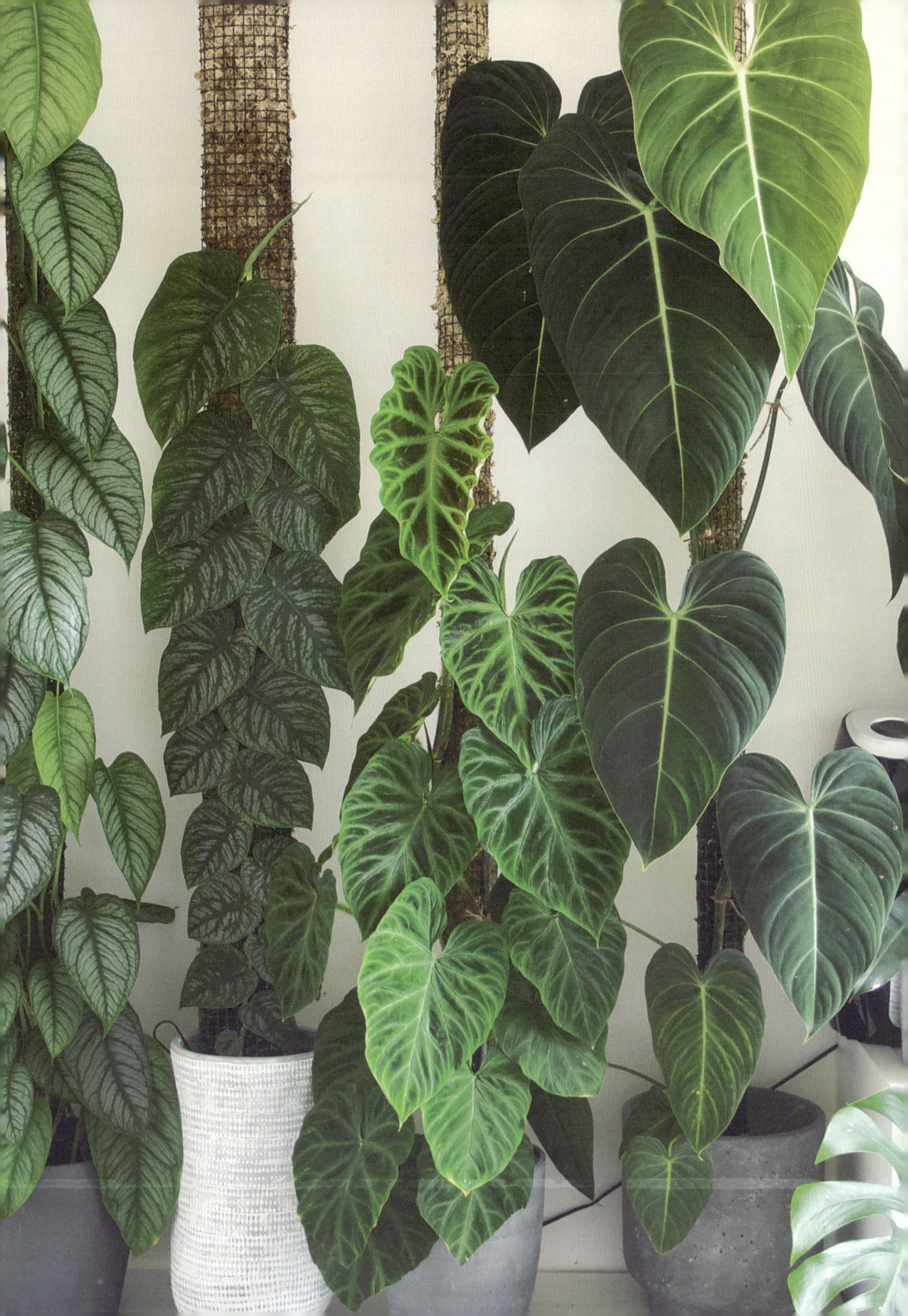

周遭環境

自然光：如果你的平均間接光照落在 200～400 呎燭（40～80 微莫耳）範圍內，你的蔓綠絨應該會長得很好——在一扇大窗戶前方應該不難做到這一點。1～2 小時的直射陽光尚可接受，但倘若時間更久，你可能會發現很難跟上澆水的頻率。除此之外，你應該用白色紗簾來分散陽光。

生長燈：白色 LED 生長燈一天可提供 12 小時 400 呎燭（80 微莫耳）的光照，相當於 3.5 莫耳／天。在較低的光照水平下（1～2 莫耳／天），你可能會注意到植物的生長較為緩慢且莖節之間的間距較長；以特定種類的蔓綠絨來看，這應該不是什麼大問題。

苗圃光照：商業化生產的蔓綠絨需要 2,000～3,000 呎燭的光照來促進生長，遮蔭度約莫 70～80%。

溫度與濕度：蔓綠絨在攝氏 18～29 度（華氏 65～85 度）的溫度以及平均室內濕度（30～50 %）範圍內即可長得很好，但許多蔓綠絨在濕度較高的環境下（60～80 %）會長得更好。

付出心力

澆水：蔓綠絨可耐旱，但是在土壤半乾時為它們澆水會長得最好；一旦基質變得更乾，植物會出現明顯的枯萎現象，但經過澈底浸泡之後，植物就會恢復生機。如果你決定使用厚實的基質結合良好的光照，你可以努力保持基質隨時均勻濕潤；當土壤維持一致的濕度時，良好的光照將促進良好的生長。

施肥：適用氮磷鉀比例 3-1-2 的任何肥料。當植物需要頻繁澆水時，可考慮使用緩效性肥料以節省時間。

基質：標準盆栽土（2 至 3 份）加上若干珍珠岩或樹皮碎片（1 份）。如果預計光照水平較低，可使用更多排水材料。如果你有時間精力經常澆水，可以增加排水材料的使用比例。

期待成果

蔓綠絨的藤蔓可以在柱子或格子棚架上蔓延或攀爬。無論是哪種方式，修剪主要的生長部位即可讓植物容易處理，而且插條通常很容易繁殖。

蔓綠絨的新葉遇上了阻礙

　　蔓綠絨偶爾會長出畸形的葉子。收集者珍視植物原來的葉子，而儘管我不追求完美，我自己也還是欣賞完美的新葉！新葉開始萌芽時出現了畸形的模樣，由於葉柄變長、葉身鼓脹，葉片尖端被困在葉鞘之中。我腦海中浮現的畫面是，灰姑娘的鞋不適合繼姊妹的腳。

　　如果你可以經常在新葉上輕輕噴水，可能有助於讓葉子完好無損地長出來。輕微的情況是你的葉子只會有點扭結，隨著葉子逐漸成熟，扭結的狀態也會變得不那麼明顯；而最糟的情況是，新的葉柄（或說葉梗）可能會刺穿葉片並且永遠留下一個洞。在新葉長出時發生這種扭結的可能性，端視植物的種類而定；根據我對自己的植物所做的觀察，以及在社群媒體上隨機的調查，絨葉蔓綠絨與「粉紅公主」蔓綠絨（Philodendron 'Pink Princess'）的新葉最容易被困在葉鞘裡。假設你保持著平均室溫以及濕度（40～60%）水平，我的建議是，你可以嘗試噴點水來幫助新葉生長，而且不要喪失信心，永遠會有下一片葉子可供你欣賞！

（左圖）一片正在萌芽的蔓綠絨葉子被困住了！

（右圖）你可能會注意到葉柄上有水滴般的黏液，有時也會出現在葉子的底端；這是花外蜜腺（extrafloral nectary），植物用來吸引螞蟻，讓螞蟻反過來保護植物免受毛毛蟲等吮吃植物的昆蟲侵害。這些汁液的出現並不必然代表植物正遭受蟲害，但你仍然應該定期監測是否有害蟲的存在。

可收集的蔓綠絨種類

（上圖與中圖）「黃金」蔓綠絨（*Philodendron* 'Malay Gold'）：這個雜交種常以幾個名稱來出售，包括「檸檬萊姆」蔓綠絨（*Philodendron* 'Lemon-Lime'）、「金色女神」蔓綠絨（*Philodendron* 'Golden Goddess'），以及「錫蘭金」蔓綠絨（*Philodendron* 'Ceylon Gold'）。這株植物在盆栽籃架上蔓生得很好，在我的公寓中，它可以接收到大約200呎燭的間接光照以及下午2或3小時的直射陽光，藤蔓長出的葉子有著適當的間距。1年之後（右），盆栽籃上已有4根粗壯的藤蔓，從架上披垂而下，最後再折返向上。

（右上）「紅翡翠」紅帝王蔓綠絨（*Philodendron erubescens* 'Red Emerald'）：這個品種通常會以幾根藤蔓固定在一根木柱上的方式出售，形成令人驚嘆的地板植物。由於植物已經長到超過了柱子頂端，因此苗圃的照顧者很好心地把他從頂端剪下的插條送給了我。

（右頁上排）詹恩的絨葉蔓綠絨正欣欣向榮地朝苔蘚柱（左）頂端生長，他讓苔蘚柱一直保持著濕潤。新葉剛長出來時有著古銅橘色調（中），然後會逐漸變深，成為天鵝絨綠（右）。

（右頁下排）魚骨蔓綠絨（*Philodendron tortum*）：被運送至海外的植物，送達時有點奄奄一息（左），但恢復後可長出令人驚嘆的葉子。這是1年後的同一株植物（右）。注意原本變黃的葉子不會再變回綠色，只會等到完全變黃後直接枯落。

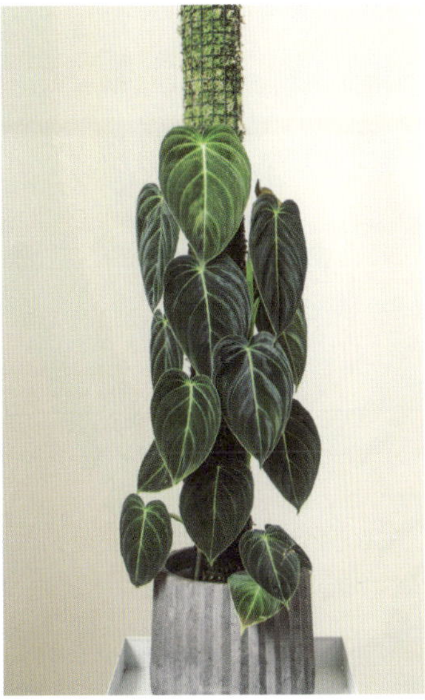
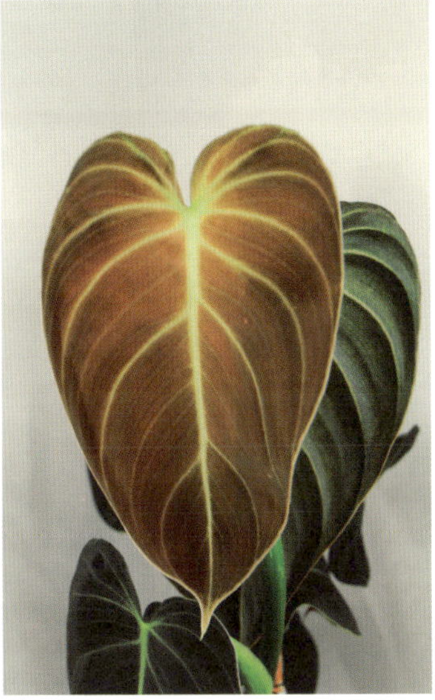
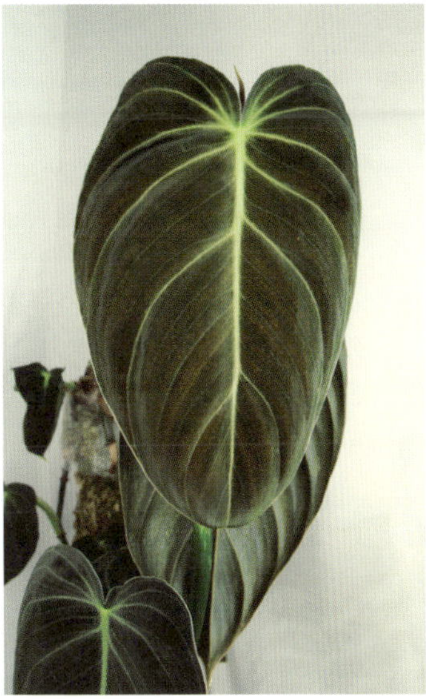
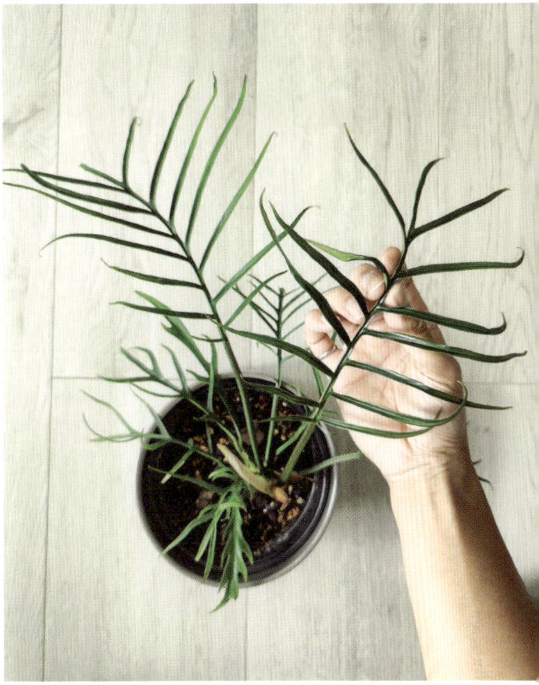
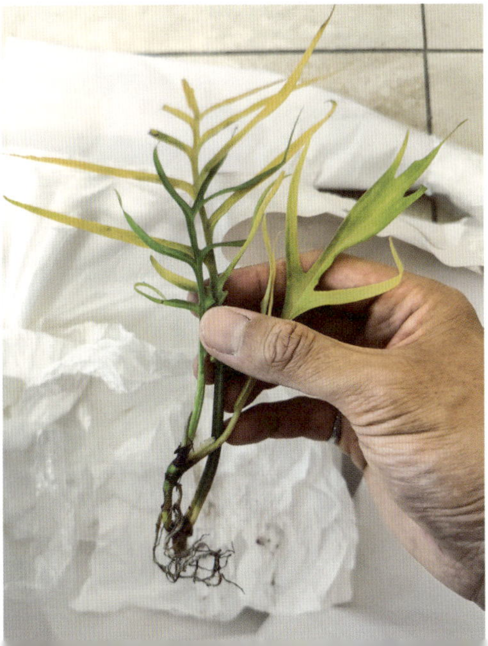

（左上）龍爪蔓綠絨（*Philodendron pedatum*）：幼葉已經很有看頭，如果你能不斷為主藤蔓提供水分，成熟的葉子會更加壯觀！

（右上）西里爾的龍爪橡葉蔓綠絨（*Philodendron pedatum var. quercifolium*）是從一株成熟的植物頂端剪下的插條。

（右頁左上）「佛羅里達幽靈」蔓綠絨（*Philodendron* 'Florida Ghost'）是龍爪蔓綠絨與鱗葉蔓綠絨（*Philodendron squamiferum*）的雜交種。在珍娜的這株植物上，新長出來的葉子呈現出淡薄荷色，隨著葉子成熟才會變成較深的綠色。

（右頁右上）「佛羅里達美人」蔓綠絨（*Philodendron* 'Florida Beauty'）也是龍爪蔓綠絨與鱗葉蔓綠絨的雜交種，但有著交雜了淡黃色與綠色的斑葉。葛蕾絲的植物著實讓人驚豔！

（右頁下排）聖靈蔓綠絨（*Philodendron spiritus sancti*）：由於栽培數量稀少以及葉子結構迷人，這個品種是最受歡迎的蔓綠絨之一。我的植物（左）還很小，而達斯汀則用較高的光照水平（一天12小時保持大約3,000呎燭）以及不斷的澆水／施肥來促進他的植物生長（右）——結果令人驚嘆！每片新葉都長成了成熟的大片葉子。當植物長得越來越高時，在莖幹周圍放置保持濕潤的水苔也極有幫助。

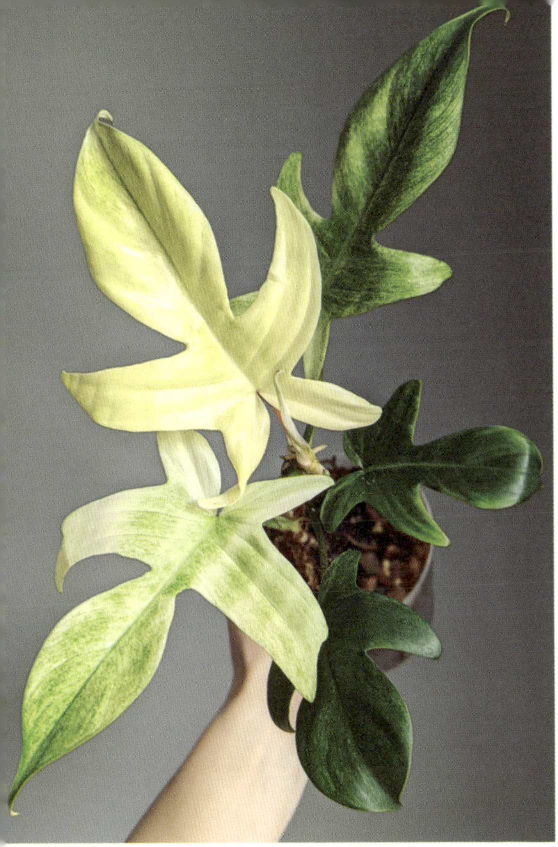
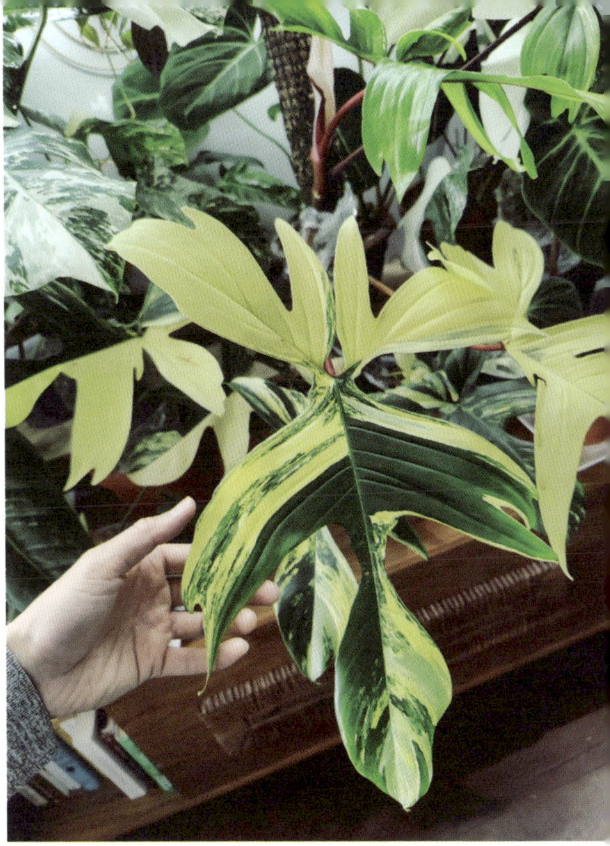
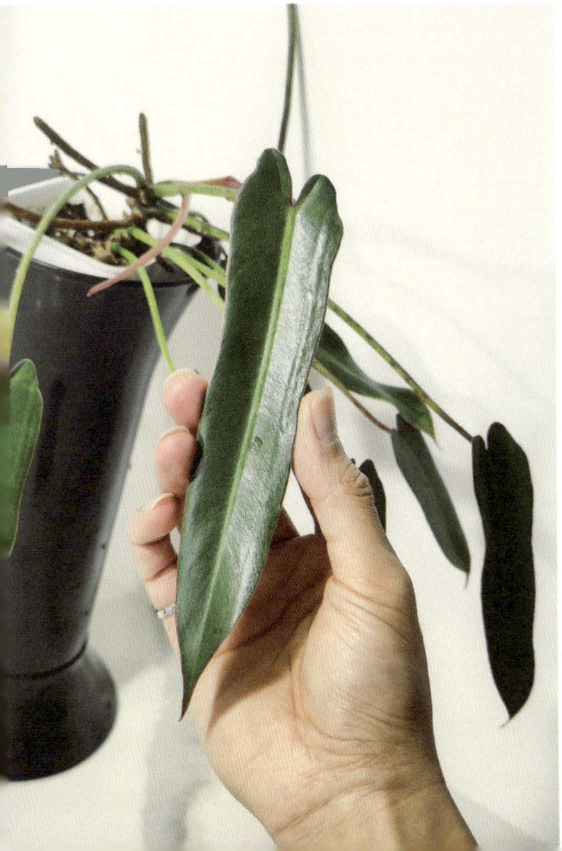
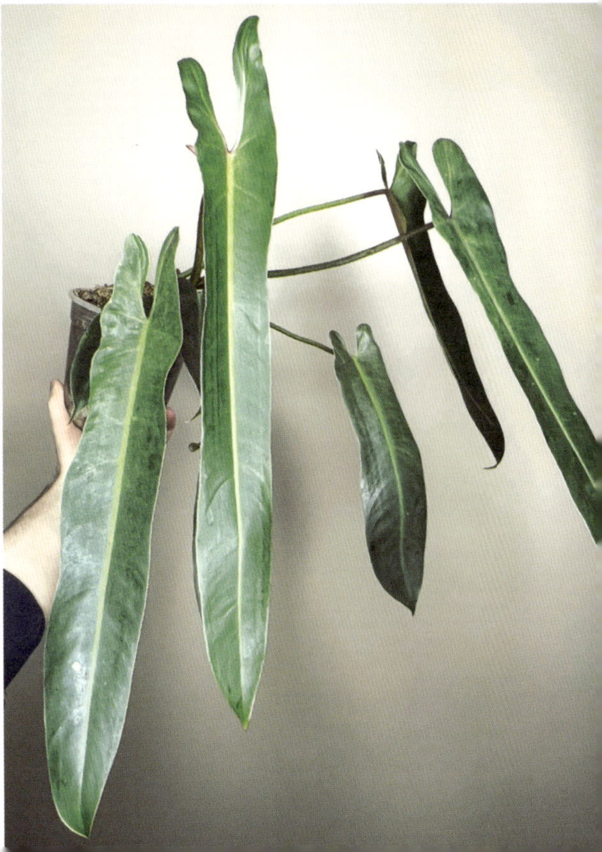

鹿角蕨

它是叫鹿角蕨（staghorn fern）還是巨獸鹿角蕨（elkhorn fern）？其實無關緊要，因為這些名稱都通用，而且可以指稱眾多鹿角蕨屬的植物，端視你詢問的是誰。更重要的是，當你開始收集鹿角蕨植物時，為了清楚起見，你最好根據它們的品種名稱來為它們命名。觀賞這些植物的生長著實令人著迷，尤其當它們被固定在板子上時。掛上幾株這樣的植物，你就有了一座擺滿綠色戰利品的美術館了──只是這些戰利品是活的！

（右頁）艾略特（Elliot）的綠色戰利品──各式各樣的上板蕨類植物！

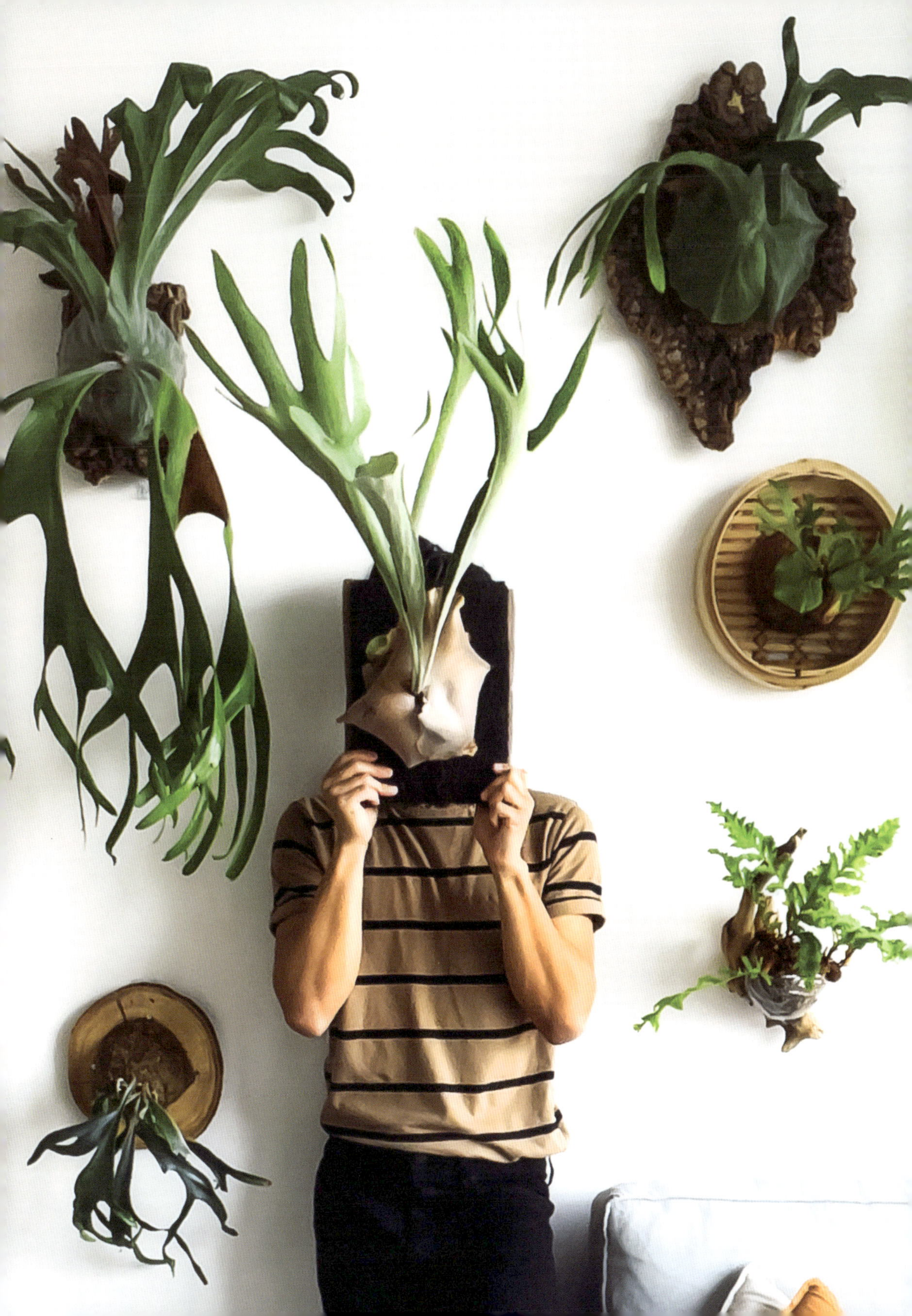

周遭環境

自然光：如果你的平均間接光照在 200 呎燭（40 微莫耳）以上，你的植物應該可以長得很好；但在 400～800 呎燭（80～160 微莫耳）光照範圍中，植物可以長得更好。大部分鹿角蕨可以耐受 2～3 小時的直射陽光，但跟上澆水的頻率很重要。如果陽光直射的時間較長，可使用白色的紗簾來分散陽光。

生長燈：蕨類植物在一天中應有 12 小時接收至少 400 呎燭（80 微莫耳）的光照量（相當於每日光照量累積值 3.5 莫耳／天）才能長得好。

苗圃光照：商業化苗圃使用 80% 遮蔭度來栽種大部分的蕨類植物，相當於一天中大部分時間保持 2,000 呎燭左右的光照。

溫度與濕度：大部分鹿角蕨在攝氏 16～32 度（華氏 60～90 度）的每日溫度以及平均室內濕度（40～60％）範圍內即可長得很好，但在較高的室內濕度（60～80%）下，你的澆水任務會略微輕鬆些。

付出心力

澆水：大部分鹿角蕨耐旱的能力十分驚人，這點在它們被裝上板子時更是有利——基質暴露在空氣中的面積更大，而且往往乾燥得更快。在基質近乎全乾時，為你的植物澈底澆水。

施肥：當植物活躍生長時，高氮肥料（譬如氮磷鉀比例 3-1-2 的肥料）稀釋到一半濃度即可發揮良好效果。

當植物需要頻繁澆水時，可考慮使用緩效性肥料以節省時間。有些栽種者建議把香蕉皮放進盾葉（shield frond）當作肥料，但這只在植物生長於自然環境中才有效，還要有可以消耗食物殘渣並排出養分（以植物可用的形式）的必要昆蟲／動物。這在室內是行不通的——除非你家中也有一群昆蟲！

基質：栽種於花盆中時，使用標準盆栽土（3 至 4 份）加上若干珍珠岩或樹皮碎片（1 份）即可。栽種在板子上時，優質水苔是理想的基質，因為它不會碎裂；如果你需要增加土壤孔隙率，可以在水苔中添加若干樹皮碎片。

期待成果

經過大約 1 年的良好生長，上板的鹿角蕨可能會長出板子的範圍之外。隨著新的繁殖葉（fertile frond）長出、老葉枯死，新生的盾葉會不斷覆蓋之前的盾葉。仔細留意植物的基底，看看是否有新的幼株冒出的跡象。如果你的板子夠大，你可以讓新的幼株繼續生長，如此一來，整株植物會變得更像是一大叢群聚生長的鹿角蕨。你也可以把幼株與母株分開並取出，你會發現，在這些幼株長到夠大、可以上板之前，一開始先在小盆中種植它們會容易得多。

（下方）在絕佳的生長條件下，鹿角蕨可以形成懸吊起來的叢生聚落。這裡就是生長在紐約植物園（New York Botanical Garden）裡的龐大聚落。

可收集的鹿角蕨種類

（上圖）在我非常成功地種出了我的第一株鹿角蕨（標準的「鹿角蕨」，亦即二歧鹿角蕨（Platycerium bifurcatum），有著最像鹿角的繁殖葉〔左〕）並且與它共享了許多美好回憶之後，我覺得倘若本書不將其囊括在內，對植物收集者將會是一大損失。這就是我的這株鹿角蕨5年之後的模樣（右）。從遠處看，這株植物長得很好，但它遭受到粉介殼蟲的侵害，展開了一場長達1年之久的除蟲大作戰，並讓我使出最後的殺手鐧：低溫治療（cold treatment）。這個方法之所以有效，是因為植物耐寒的溫度比粉介殼蟲能耐受的溫度還低。

二歧鹿角蕨的習性是長出營養葉（basal frond）或稱盾葉包裹住植物的基部，幫助植物牢牢附著於它所生長的表面（樹木、木板，或花盆）；營養葉被稱為不孕葉（sterile frond），因為它不會長出植物繁殖所必需的孢子。營養葉剛長出來時呈鮮綠色，這時應避免碰觸它或是碰撞到東西，因為葉片若被碰傷，傷痕將會永遠留存；幾個月之後，它會慢慢變成棕色，而新的營養葉會從棕色的老葉上方長出。過了幾年，多層的老盾葉會逐漸在表面之下形成。

「鹿角」指的是繁殖葉，因為當植物趨近成熟期時，這些葉子的背面會出現深棕色的斑塊，就是孢子。你可以把孢子採收下來並使其萌芽，長出更多的植物，但即便是在最理想環境中，這麼做可能也要花上好幾年的時間。

（上圖）班森收集的鹿角蕨，才剛澆過水。上排：「路易斯山」爪哇鹿角蕨（*Platycerium willinckii* 'Mt Lewis'）；中排：「白色戀人」鹿角蕨（*Platycerium* 'Omo'）、三角鹿角蕨（*Platycerium stemaria*）、亞洲猴腦鹿角蕨（*Platycerium ridleyi*）；下排：「綴化」深綠鹿角蕨（*Platycerium hillii* 'Mio'）、皇冠鹿角蕨（*Platycerium coronarium*）。

（右圖）這是艾略特收集的巨大鹿角蕨（*Platycerium superbum*），令人印象深刻。他的高層公寓落地窗大多未被任何障礙物所遮擋，因此室內流溢的光線十分充足。

栽種女王鹿角蕨

第 1 天

女王鹿角蕨（*Platycerium wandae*）的幼株。

4 個月

這株女王鹿角蕨已經長出它的小盆外了，因此我將它移植到這個鋪滿水苔的舊咖啡壺裡。咖啡壺沒有排水孔，但這不成問題：水苔不會碎裂，因此我可以輕易地從壺嘴把多餘的水分倒掉。

1 年

女王鹿角蕨沒有單獨的盾葉與鹿角葉（antler frond），反之，它們全都是長在一起的一個整體。這株植物已經可以被種上板子了！我在《室內觀葉植物栽培日誌》一書中已說明我將鹿角蕨上板的技巧。

崖角藤

姬龜背（*Rhaphidophora tetrasperma*）是一種攀藤植物，會長出類似龜背芋的開孔裂葉，但比起龜背芋要小得多。這一點為這種植物帶來「迷你龜背芋」（mini monstera）的聲譽，在早期的「稀有」植物收集活動中，姬龜背相當昂貴——人們甚至購買無葉的莖節，希望能培育成一株完整的植物。對於我們其他人來說，值得慶幸的是這種植物生長快速，可以很容易地大量生產。自其時以來，崖角藤屬中其他有趣的品種逐漸在市面上出現，包括幾種有著木瓦生長習性的植物。

（**右頁**）裂葉崖角藤（*Rhaphidophora decursiva*）（中）會長出爪狀的葉了。姬龜背（下）有時被稱為迷你龜背芋。

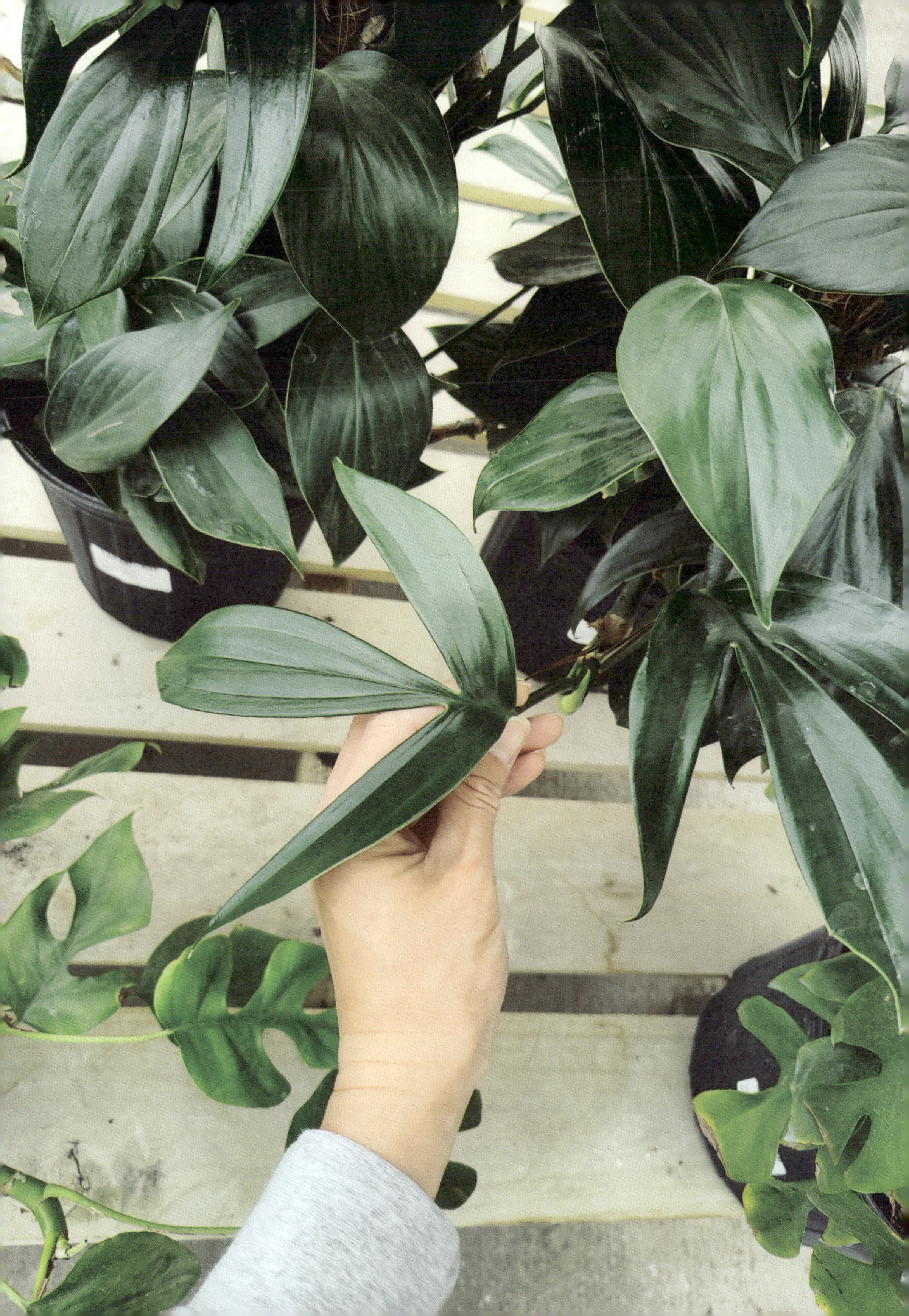

周遭環境

自然光：低光照也可以讓植物長得不錯，亦即一天大部分時間中僅有 100 呎燭（20 微莫耳）且沒有任何直射陽光，植物還是會長出新葉，只是莖節之間的間隔會變長，可能相距 3 或 4 英寸。在 400～800 呎燭（80～160 微莫耳）範圍的間接光照水平下，植物會長得更好，葉子也會出現開孔。如果你能配合澆水，植物可以耐受大約 2～3 小時的直射陽光。

生長燈：將你的崖角藤放在生長燈下，讓它一天中有 12 小時可以接收到大約 80 微莫耳（400 呎燭）的光照，它應該會長得很好。每日光照量累積值約為 3.5 莫耳／天。

苗圃光照：商業化生產的崖角藤需要 70～80% 的遮蔭度，即 1,500～3,000 呎燭的光照量。

溫度與濕度：崖角藤在攝氏 21～35 度（華氏 70～95 度）的溫度範圍即可長得很好。大部分崖角藤在平均室內濕度（40～60%）範圍就能長得好，但有些在稍高的濕度（60～80%）下可以讓葉子長得更漂亮。

付出心力

澆水：在土壤部分乾燥時即可澆水。當土壤接近完全乾燥時，植物就會出現凋萎現象；雖然植物在澆水之後應該能恢復生氣，但你應該避免乾燥到這種程度才澆水。

施肥：適用氮磷鉀比例 3-1-2 的肥料。

基質：標準盆栽土（3 至 4 份）加上若干珍珠岩或樹皮碎片（1 份）。如果預計光照水平較低，可使用更多排水材料。

期待成果

姬龜背即使並未在苔蘚柱上扎根，也能長出開孔裂葉；因此，倘若你想養一種類似龜背芋的植物，但考慮到可用的空間不大，那麼這種植物會是一個不錯的選擇。

為姬龜背提供支撐

第 1 天

　　這是喬恩（Jon）才剛種入盆中的姬龜背。這株植物被種在苗圃花盆中，再放入陶瓷裝飾盆裡，未來的榮景可期。喬恩有著面朝西的超大窗戶，因此植物即便與窗戶有段距離，都能接收到充足的光照。植物從它所在的位置可以獲取2、3小時的直射陽光以及其他時間400～800呎燭的間接光照。

2 個月

　　這株成長快速的植物需要有某個東西讓它攀爬，否則後續長出來的葉子會越來越小—或甚至長不出任何葉子。這就是攀附在一根苔蘚柱上的姬龜背。

4 個月

　　由於姬龜背的重量比龜背芋輕，你可以在一個小型的格子棚架（或甚至一根堅固的樹幹）上栽種它，如圖所示。一旦植物長到比它的垂直支撐物還高時，你就可以剪下它生長的主莖，種入水中或繁殖箱中讓它生根，然後跟母株種在一起，形成整體看起來更形飽滿濃密的植株。

可收集的崖角藤種類

（左頁與左下）銀脈崖角藤（*Rhaphidophora cryptantha*）：一株幼苗（左頁）新長出的藤蔓。務必盡快為它提供垂直支撐物，讓可以依附著往上攀爬。從左圖可以看出銀脈崖角藤如何沿著垂直的表面生長。這株植物是我在新加坡的朋友詹姆斯所收集，栽種在他室外的陽臺上。

（左上）哈伊崖角藤（*Rhaphidophora hayi*）：通常會種在木板上，配合它的木瓦生長習性。

（右上）裂葉崖角藤：每片新葉都有獨特的開孔裂葉圖案。

室內觀葉植物收集日誌

藤芋

長久以來，通常被稱為銀葉黃金葛（satin pothos）（但與黃金葛屬無關）的星點藤（*Scindapsus pictus*）始終十分普及，而且往往被種在吊盆的花器中出售。沒錯，這種植物的葉面光滑並帶有可愛的銀色斑點。而隨著室內植物愛好者的收集範圍日漸深廣，他們也在這個藤芋屬中發現了更多可購得、栽種、可愛討喜的品種。

（**右頁**）令人喜愛的藤芋植物收集，它們值得擁有一組專門的展示架！

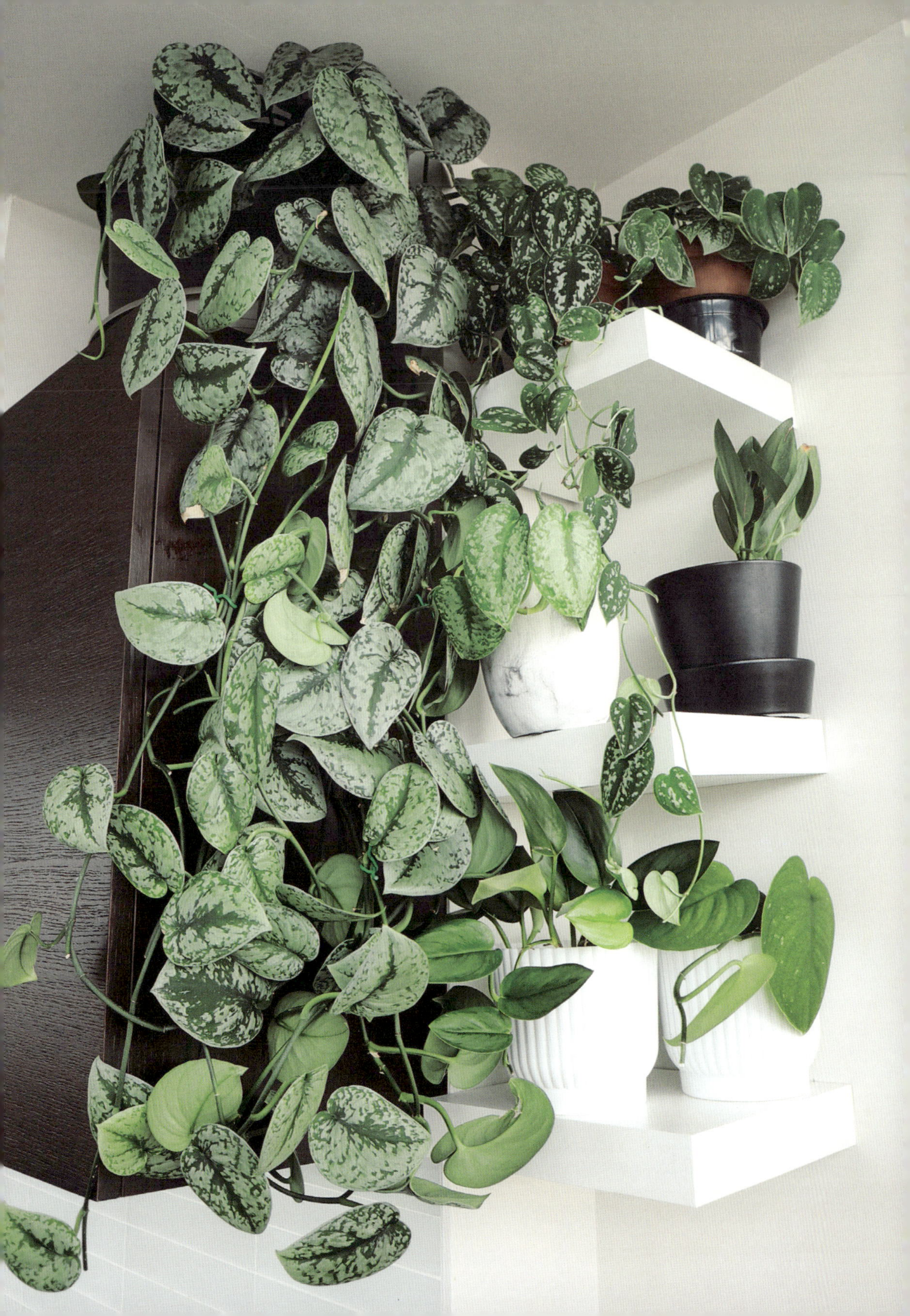

周遭環境

自然光：如果你的平均間接光照在 100 呎燭（20 微莫耳）以上，你的植物應該可以長得很好；但在 400～800 呎燭（80～160 微莫耳）光照範圍中，植物可以長得更好。藤芋可以耐受 1～2 小時的直射陽光，但需注意葉子是否蜷縮，葉子蜷縮就表示你應該立刻澆水了。如果陽光直射的時間較長，可使用白色的紗簾來分散陽光。

生長燈：藤芋一天中若有 12 小時可接收至少 200 呎燭（40 微莫耳）（相當於每日光照量累積值達 1.7 莫耳／天）的光照，就能長得很好。但你若能提供一天 12 小時 400～800 呎燭（80～160 微莫耳）範圍的光照水平（相當於每日光照量累積值達 3.5～6.9 莫耳／天），便能促使植物長得更好。

苗圃光照：在商業溫室中生產的藤芋需要 1,500～3,500 呎燭（300～700 微莫耳）的光照，遮蔭度約莫 70～90%。

溫度與濕度：藤芋在攝氏 18～29 度（華氏 65～85 度）的日常溫度以及平均室內濕度（40～60%）下長得最好，而木瓦植物在濕度較高的環境中長得較好。

付出心力

澆水：藤芋能耐受完全乾燥的土壤，因為它的葉子可以儲存好些水分；但若任其乾燥缺水過久，葉片不免會蜷縮下垂。抗拒你想用蜷縮的葉子當成澆水時機到來的簡易提示，代之以觀察土壤——當土壤大約半乾時，就是在提示你該澆水了。如果你在垂直表面上栽種木瓦植物，必須保持較高的濕度以促使它生根。

施肥：適用氮磷鉀比例 3-1-2 的肥料，液體或緩效性肥料皆適用。

基質：標準盆栽土（3 至 4 份）加上若干珍珠岩或樹皮碎片（1 份）。如果預計光照水平較低，可使用更多排水材料。

期待成果

當藤芋的藤蔓從花盆中不受任何限制地垂落、蔓生，往往會逐漸長出較小的葉子，甚至可能長出一些無葉的莖節。最後，這株植物看起來可能更像是一堆藤蔓而非濃密的葉子。值得慶幸的是，這些植物很容易藉由莖節插條來繁殖——就連沒有葉子的莖段都能繁殖！你可以把插條種在水中生根，或者直接將一束莖節鋪在潮濕的水苔上，放入密封的容器中。當插條開始生根並長出新芽，你就能把它們一起種入花盆中了。

（上圖）「藤芋沙拉」（Scindapsus Salad）：在升級改造的綠盒子中一起繁殖各式各樣的藤芋。

（左圖）如果藤芋的藤蔓能在平坦的表面上攀爬，它就能在表面上生根，隨後的葉子也會貼附著表面生長。這種生長習性稱之為木瓦。

可收集的藤芋種類

（左上）「大葉」星點藤（*Scindapsus pictus* 'Exotica'）：帶有明顯的銀色斑塊，葉子通常比大多數的藤芋植物更大。

（右上）「三色婆羅洲」星點藤（*Scindapsus* 'Tricolor Borneo'）（左）以及「蛇皮」星點藤（*Scindapsus* 'Snake Skin'）（右後）在苗圃中進行繁殖。

（左圖）「銀色英雄」星點藤（*Scindapsus* 'Silver Hero'）。

室內觀葉植物收集日誌

（左上）「月光」星點藤（*Scindapsus treubii* 'Moonlight'）有著銀色的葉子。

（右上）「銀女士」星點藤（*Scindapsus pictus* 'Silver Lady'）（左）與「銀邊」星點藤（*Scindapsus pictus* 'Argyraeus'）（右）。

（右圖）「墨綠」星點藤（*Scindapsus treubii* 'Dark Form'）的深綠色葉子帶有光澤，不同於其他大多數星點藤的光滑感。

使「銀邊」星點藤恢復生機

這株「銀邊」星點藤曾出現在我的第一本書《室內觀葉植物栽培日誌》中，但現在看起來不怎麼樂觀。如果你的空間擠滿了植物，其中有些可能會變得較難以觸及而且較容易忘記澆水。如果這種情況持續下去，植物的根系可能會永遠枯萎。

不過別擔心，星點藤很容易用莖幹插條來繁殖。我取下最健康的葉子並將它們的莖節放入水中，一個月後，插條上新長出來的根在水中已清晰可見，可以被移植到土壤中了。

在這次起死回生的任務中，我希望確保光照強烈到足以讓植物長出優質的葉子，因此我讓植物在架上接收生長燈所提供大約600呎燭的光照（120微莫耳）。

4 個月

我對這片新葉相當滿意！只要多些耐心，你總是可以重新種植任何植物，並且重溫植物從頭開始的生長過程。

8 個月

強烈的光照有利於莖節之間的間距縮短以及醒目的葉片圖案形成。

合果芋

作為深受歡迎的吊盆植物,合果芋(*Syngonium podophyllum*)長久以來都被稱為箭頭藤(arrowhead vine),收集者樂於欣賞眾多合果芋品種中各式各樣的葉子圖案與顏色,葉子上有粉紅色、黃色、白色、奶油色、粉綠色的斑點十分常見,而由於這種斑駁的色彩是隨機產生的,使得每一片新葉的出現都備受收集者期待。幼葉通常呈盾狀,但在長出幾片新葉之後,合果芋會形成更複雜的葉子,通常有兩個裂片(lobe),有些品種可能有更多的裂片。

(右頁)各種尺寸較小的合果芋品種齊聚一堂。

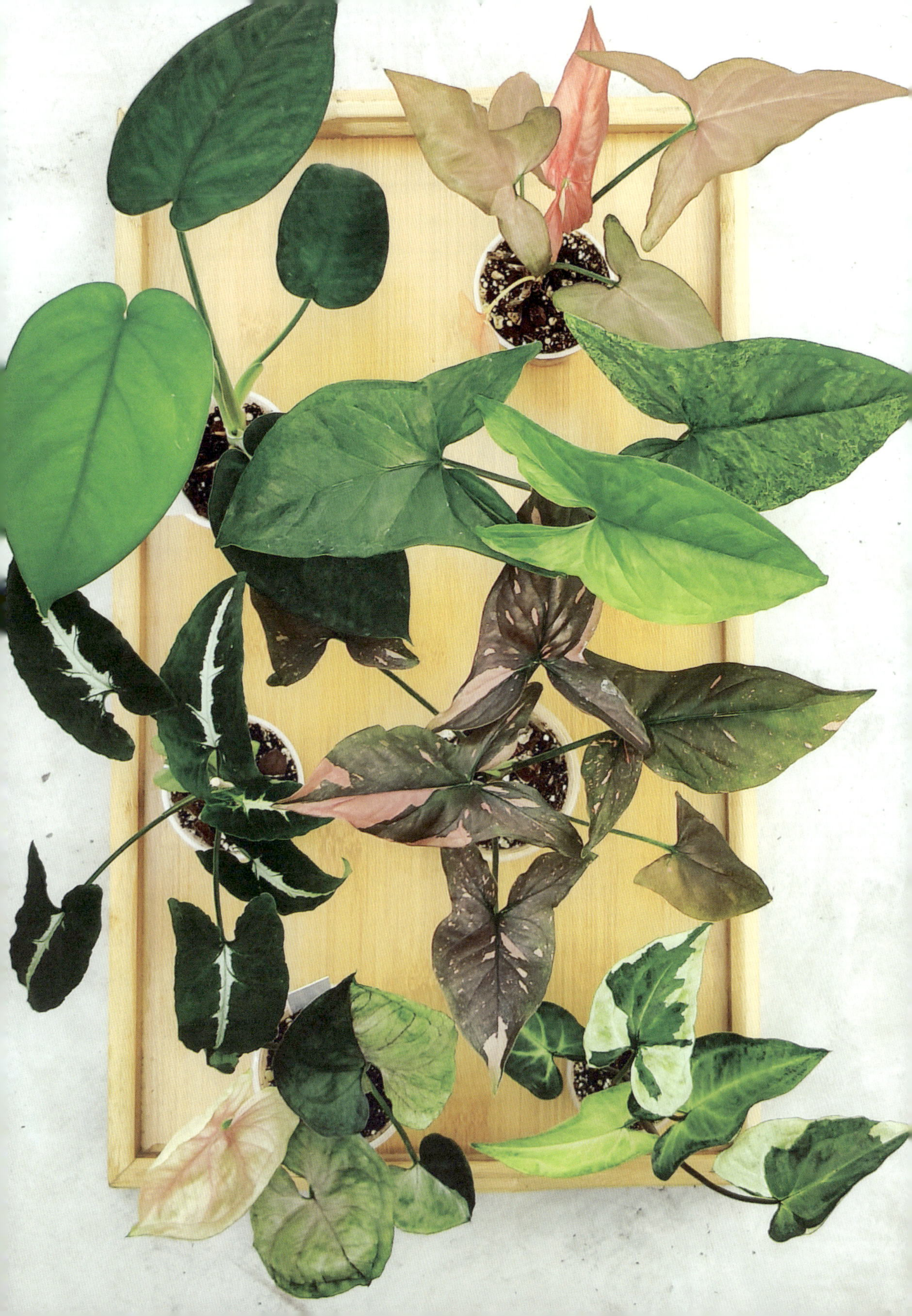

周遭環境

自然光：如果你不介意莖節之間的間距略長，合果芋可接受 100～200 呎燭（20～40 微莫耳）範圍的間接光照，但在 400～800 呎燭（80～160 微莫耳）下會長得更好。直射陽光的時間不應超過1、2個小時，否則葉子容易褪色乾枯。

生長燈：當你把生長燈設定成讓你的合果芋可以接收到一天12小時大約400呎燭（80微莫耳）的光照量，亦即每日光照量累積值為3.5莫耳／天，它應該會長得很好。

苗圃光照：商業化生產的合果芋需要70～80%的遮蔭度，即1,500～3,000呎燭的光照量。

溫度與濕度：合果芋在攝氏21～35度（華氏70～95度）的每日溫度即可長得很好。大部分合果芋在平均室內濕度（40～60%）範圍就能長得好，但有些在稍高的濕度（60～80%）下可以讓葉子長得更漂亮。

付出心力

澆水：在土壤部分乾燥時澆水，植物會長得最好。當土壤接近完全乾燥時，植物就會出現凋萎現象，雖然在澆水之後應該能恢復生氣，但你應該避免乾燥到這種程度才澆水。

施肥：適用氮磷鉀比例 3-1-2 的肥料。

基質：標準盆栽土（3至4份）加上若干珍珠岩或樹皮碎片（1份）。如果預計光照水平較低，可使用更多排水材料。

期待成果

被種在較大的吊盆中出售的合果芋，葉形通常美觀而濃密；但過了幾個月之後，藤蔓往往會長出盆外。如果你想讓植物保持較為密實簇生的外觀，不妨將植物修剪回原形並繁殖剪下的插條，把插條種入水中或潮濕的水苔中待其生根。即使是無葉的莖節，只要是健康的莖幹都能抽出新芽。加熱墊有助於生根的過程。如果你想要一株垂直生長的植物，也可以在柱子上栽種你的合果芋。

（右圖）箭頭藤（合果芋）是典型的室內植物。

可收集的合果芋種類

（左上）絨葉合果芋（*Syngonium wendlandii*）的主要特徵為深綠色葉面中肋處有對比鮮明的斑紋。

（中上）莫吉托合果芋（*Syngonium mojito*）的雜色斑葉令人聯想到「大理石皇后」黃金葛。

（右上）「粉紅飛濺」合果芋（*Syngonium podophyllum* 'Pink Splash'）：看到下一片新葉的飛濺圖案總是讓人興奮不已，因為每片葉子上的粉紅色斑點都是隨機的突變。

（左下）「紅蝴蝶」合果芋（*Syngonium podophyllum* 'Pink Perfection'）的亮粉色嫩葉會逐漸褪色成綠色與粉紅色的混合色調。這片葉子跟我的膚色很接近！

（中下）T24合果芋（*Syngonium T24*）：新長出的葉子呈淡白色，帶有鮮明的粉紅色葉脈，之後會逐漸轉變成較深的綠色。

室內觀葉植物收集日誌

鵝掌芋

深受歡迎的鵝掌芋屬室內植物，有著獨一無二的裂葉，過去常被稱為蔓綠絨，但它們的莖幹總是讓我覺得與眾不同。當一片老葉從生長頂端（growing tip）的基部汰換下來時，會留下明顯的眼睛形狀標記；而隨著植物不斷成長，樹幹也會清楚地標記住每一片枯落、逝去的葉子。但蔓綠絨沒有這種現象。

更讓人困惑的是，羽裂鵝掌芋（*Thaumatophyllum bipinnatifidum*）曾被認為是與羽裂蔓綠絨（*Philodendron selloum* / split-leaf philodendron）不同的植物。基因研究顯示，它們其實是同一種植物，如今被歸到鵝掌芋屬。因此，可觀察到的葉形差異證明了植物的環境與年齡可以如何決定不同的葉子形態。

（右頁）成熟的鵝掌芋樹幹會記住它曾失去的葉子。

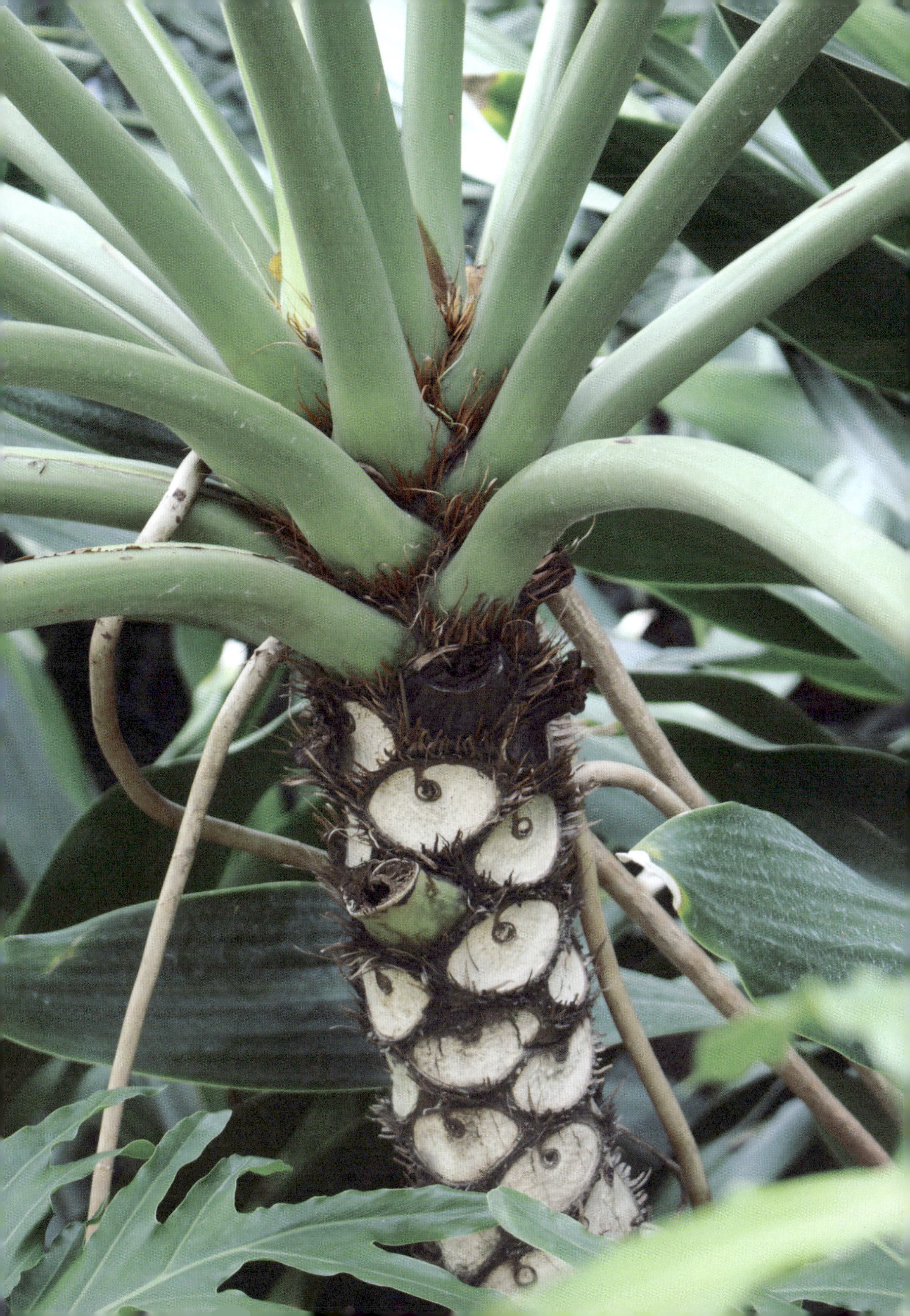

（上圖）被當成景觀植物（左）來種植時，羽裂鵝掌芋會長成一大片茂密的樹叢；即使根部略受花盆限制，植物還是能生長得枝葉扶疏、翁翁鬱鬱（右）。

周遭環境

自然光：鵝掌芋可以承受大量光照，因此，在室內種植鵝掌芋時，光照愈多愈好，目標是讓植物可接收到 400～800 呎燭（80～160 微莫耳）的間接光照以及長達 4～5 小時的直射陽光（如果你的窗戶夠大）。以平均的間接光照來說，植物可耐受低至 200 呎燭（40 微莫耳）的光照量。

生長燈：要在生長燈下提供整株大型的羽裂鵝掌芋光照可能有困難，但你可以一天 12 小時提供 400 呎燭（80 微莫耳）為目標，相當於 3.5 莫耳／天的每日光照量累積值。

苗圃光照：在苗圃溫室中的鵝掌芋，光照水平應落於 3,000～5,000 呎燭（600～1,200 微莫耳）範圍中。

溫度與濕度：鵝掌芋在攝氏 21～35 度（華氏 70～95 度）的每日溫度以及平均室內濕度（40～60%）範圍就能長得好。

付出心力

澆水：在土壤部分乾燥時澆水。植物相當耐旱，所以在土壤完全乾燥時，你不會看到太多葉子凋萎。

施肥：高氮肥料（氮磷鉀比例 3-1-2 的肥料）可確保植物為生長頂端的十幾片生氣盎然的葉子提供養分。

基質：標準盆栽土（2 至 3 份）加上若干珍珠岩或樹皮碎片（1 份）。如果預計光照水平較低，可使用更多排水材料。

期待成果

生長了數十年的鵝掌芋還會不斷地在生長頂端長出新葉，樹幹粗大而彎曲。有些植物園裡種有讓人著實驚豔、印象深刻的樣本！由於你的空間必然比植物園小，當你的鵝掌芋長到遠超出土壤表面時，你可以在莖幹上某處進行空中壓條來展開重新種植；根部一旦形成，你就可以將插條種入新的盆中。插條的下半部會長出新葉，但最初的幾片葉子可能比生長頂端長出的葉子要小得多；不過假以時日，新葉也會變大。值得慶幸的是，鵝掌芋的樹幹也深富魅力且極具特色，在你決定是否要重新種植這株植物之前，還可以欣賞它許多年。

可收集的鵝掌芋種類

（左頁與右圖）佛手鵝掌芋（*Thaumatophyllum Xanadu*）：你可以把這個品種當成迷你版的羽裂鵝掌芋，它的樹幹上也有同樣獨特的標記，但葉子呈手指狀且比體型較大的羽裂鵝掌芋更光滑，羽裂鵝掌芋的葉子往往較為凹凸不平。獨具特色的樹幹（左頁）完美地說明了正常的葉子汰換：樹幹上的每個標記都是老葉枯落的疤痕；只要變黃的葉子是老葉（也就是目前這組在樹幹上的葉子當中，位於最下方的葉子），你就可以平靜地移除它。植物完全沒事。記得感謝這片葉子對光合作用的貢獻！

（左圖）一株成熟的鵝掌蔓綠絨（*Thaumatophyllum spruceanum*）會長出美麗的複葉（compound leaf）（左），樹幹也具備了所有鵝掌芋常見的特徵（右）。

室內觀葉植物收集日誌　　213

空氣鳳梨

如果你的空間有限而且不想對付土壤，那麼，收集空氣鳳梨是很棒的選擇。由於空氣鳳梨的自然棲地是在樹幹上，因此它們被稱為空氣草（air plant），有時看起來像是有著銀白色的毛髮──這些生長物被稱為毛狀體（trichome），可藉由增加暴露於空氣中的表面積來幫助植物吸收水分。不同品種的空氣草有著不同的毛狀體結構：有些幾乎看不出來，只是讓植物增添一種更光滑的綠色光澤；有些則明顯可見，使得整株植物看起來毛茸茸的。

（上圖）我的浴室窗臺上擺滿了空氣鳳梨。

周遭環境

自然光：務必讓間接光照在一天中大部分時間保持在 200～400 呎燭（40～80 微莫耳）範圍，加上 2～3 小時的直射陽光也很有幫助。通常若在直射陽光下曝曬超過 3 小時，可用白色紗簾來遮擋。毛狀體的覆蓋程度可以讓你知道植物對直射陽光的耐受度。雞毛撢子空氣鳳梨（Tillandsia tectorum）有最明顯的毛狀體，如果你可以配合及時澆水，它可以在 3～4 小時的直射陽光下長得很好。

生長燈：將生長燈設置在可以提供 400 呎燭的距離，並且一天開啟 12 小時，約當 3.5 莫耳／天的每日光照量累積值。

苗圃光照：商業化苗圃使用 50～70% 的遮蔭度，相當於 3,000～5,000 呎燭的光照量。

溫度與濕度：空氣鳳梨在平均室內濕度（40～60%）以及攝氏 10～32 度（華氏 50～90 度）的寬廣溫度範圍中都可以長得很好，但在居中而非偏向兩端的溫度下會長得最好。

付出心力

澆水：由於空氣鳳梨不會在基質中生根，你必須更嚴格地管制澆水——別將你的空氣鳳梨放在某種新奇的陳列品中，而把它們忘得一乾二淨！在光線充足的戶外，你可以大約每週一次為你的空氣鳳梨噴水，或是將它們浸泡在一池水中。天氣炎熱時，可以縮短澆水的時間間隔；在室內，每週一次將植物浸泡在水槽或浴缸中 20～30 分鐘。澆水之後，最好抖落植物上多餘的水分，以免葉冠腐爛。

施肥：在施肥方面，將氮磷鉀比例 3-1-2 液體肥料的稀釋劑量（或許是建議濃度的四分之一）注入浸泡植物的水中即可。在生長季節，可以一個月施肥一次。

期待成果

一株空氣鳳梨直到開花之前，可以存活數年；一旦花朵凋謝，它就會停止生長並開始枯萎。如果植物的生長條件良好，它應該會開始長出幼株——母株的迷你版本，從母株的基部長出。你可以讓幼株一直附著在母株上，形成一叢濃密的空氣鳳梨；或者，你可以在幼株長到大約母株的三分之二大小時取出它。小心別過早取出幼株，否則它可能永遠無法完全發育成熟！

（上圖）我每週一次的空氣草浸泡浴缸。

（左上與右圖）我不小心地從這株小紅犀牛空氣鳳梨（*Tillandsia pruinosa*）（左）上折斷了它的幼株。我希望幼株還能繼續成長，所以把它跟我所有其他的空氣草放在一起照顧；兩年之後（右圖下中），這株小矮子從未完全發育成一株成熟的小紅犀牛空氣鳳梨特有的球根形狀（右圖左上）。正如所有開花之後的空氣草，它們會停止生長並逐漸枯萎（右圖右上）。

（左圖）一群空氣鳳梨在雨中自然地接受澆灌！

可收集的空氣鳳梨種類

紅寶石空氣鳳梨（*Tillandsia andreana*）：有著纖細葉子的球狀結構，成熟時會開出鮮紅色的花朵。

（左圖）雞毛撢子空氣鳳梨讓我想起住在樹上的毛茸茸海膽，有著所有空氣草中最明顯可見的毛狀體。當植物變濕時（左上），毛狀體緊貼著葉子，使得整體外觀看起來呈現綠色，很像圓球狀的小精靈空氣鳳梨（*Tillandsia ionantha*）。在接下來的幾個小時觀察植物，可以看到毛狀體如何彈回（左下）並恢復毛茸茸的原狀。

（右頁左上）霸王空氣鳳梨由於有著緞帶狀的雄偉葉片，經常被稱為空氣草之后。植物的構造使其能完美地留住水分，但務必為它抖落多餘的水分。

（右頁右上）小精靈空氣鳳梨是典型的空氣草，經常被黏在浮木上或放進玻璃球中作為美觀的展示品；雖然這會是一份好看的禮物，但對於植物來說，這種方式並不是長期照顧的最佳選擇。這個品種有許多迷人的栽培種，包括經過數年生長後形成一叢的「花生米」小精靈空氣鳳梨（*Tillandsia ionantha* 'Peanut'）（左）以及「壯漢」小精靈空氣鳳梨（*Tillandsia ionantha* 'Macho'）（右）。

（左圖）「進化」小精靈空氣鳳梨（*Tillandsia ionantha* 'Evolution'）：大多數空氣草在開始要開花時會變成略帶紅色，右邊的照片是左邊的照片過了約莫一個月之後拍攝的。

室內觀葉植物收集日誌

照顧小狐尾空氣鳳梨的觀察所得

雖然小狐尾空氣鳳梨（Tillandsia funckiana）看起來像是從松樹上剪下來的枝條，但在定期澆水與良好光照（一天中大部分時間有200～400呎燭就足夠了，如果還可以有1～2小時的直射陽光更好）下就能繼續長得很好。

如果你沒能定期澆水，老葉會逐漸枯死；但藉由策略性的修剪，把枯死的部分剪掉並留下新葉，仍有希望讓植物繼續健康地成長。

在良好的生長條件下，小狐尾空氣鳳梨會長出幼株；所以你的目標是在幾年內，就能擁有一小叢可以驕傲地懸掛在窗戶上的植物。如果你剛好有一個溫室，那麼50年之後，你的植物可能會看起來就像這樣！

女王頭空氣鳳梨的生命週期

第1天

女王頭空氣鳳梨（Tillandsia caput-medusae）因其宛如蛇髮女妖梅杜莎的葉子而得名，這些葉子在極度乾燥時往往會緊緊地蜷曲在一起。在此，我開始收集起一小批的女王頭空氣鳳梨，光照條件是早上有一小陣子約莫1小時的直射陽光，其餘時間的間接光照大約是400呎燭；而靠近窗戶的另一棟房子，實際上有助於反射、擴散午後的陽光。倘若沒有反射的陽光，間接光照的水平會接近100～200呎燭。我很興奮能在角落找到這株樣本，因為它的體型大得異乎尋常。

1個月

我最小與最大的樣本都開始要開花了！女王頭空氣鳳梨有各種的尺寸大小，極可能與植物在苗圃中被栽種的方式有關。

1年

如今，其中一株已然長出第二個幼株，而兩組花朵都完成了盛開的過程。人們常說空氣草在開花之後就會枯死，然而，這並非意味著植物會立即碎裂崩解，而是指植物不再生長並逐漸凋零，但透過它們的幼株存活下來（從基因的角度來說）。

4年

空氣草剛澆完水時，因毛狀體閉合、植物表面濕潤，故呈現出深綠色的外觀。大部分人會剪掉花朵已謝的花梗，但我決定把它們留下來當作紀念品——第三個幼株的花朵又要盛開了！

室內觀葉植物收集日誌

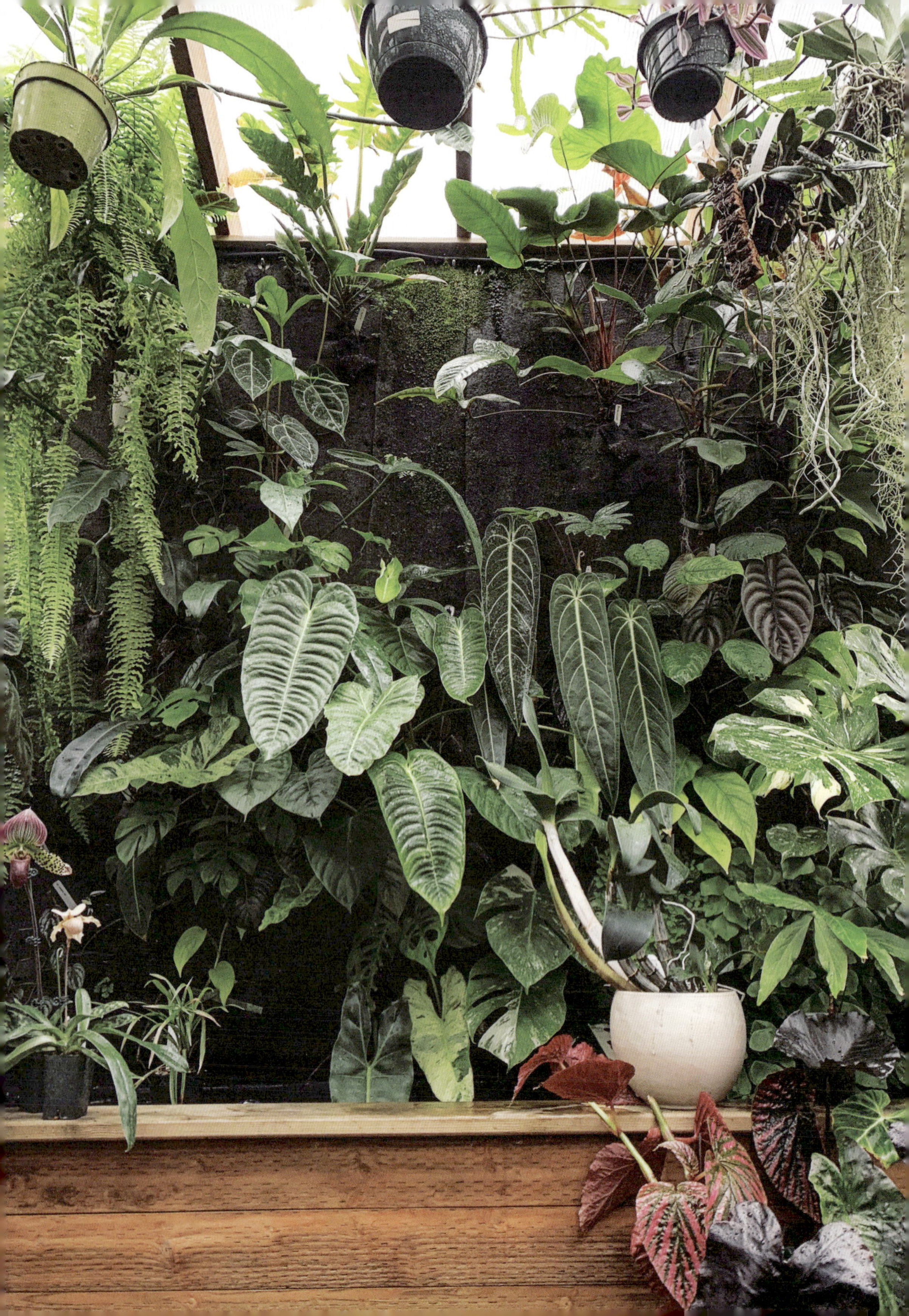

附錄：對治害蟲

室內植物害蟲的現實是：每個人到頭來都得對付牠們！如果你經常帶新植物回家，你絕對避免不了害蟲的侵擾。如果你不熟悉各式各樣的害蟲，那麼你的蟲害可能會變得非常嚴重，以至於丟棄整株植物成了拯救你所收集的其他植物（以及你的理智）的最佳選擇。

關於蟲害的防治，有兩個關鍵可幫助你贏得這場戰爭：害蟲的檢測以及堅持不懈的治療。即使是經驗豐富的植物收集者也可能會忽略蟲害的早期跡象，因為大部分的害蟲所產的卵會藏在植物或土壤中的某個地方。這就是為什麼保持警覺（不斷觀察你所收集的植物是否有害蟲活動的跡象）是最好的方法，可確保你因蟲害而損失的植物最少。如果你是收集植物的新手，你可能只會從明顯的葉子畸形殘缺或蟲蟲大軍的形成注意到蟲害正在發生。在本章節中，我的目標是讓你的目光變得敏銳，得以成功地偵測到處於成蟲、幼蟲，以及蟲卵各個階段的害蟲本身；如果你能夠儘早發現害蟲，根絕牠們的機會就愈大。

當你察覺到害蟲活動時，把遭受蟲害侵襲的植物與其他的植物隔離開來——執行植物的社交距離，使該株植物與其他植物保持至少 6 英尺的距離。如果植物的葉子互相接觸，對害蟲來說不啻是一項邀請！大多數害蟲可以經由堅硬的表面爬行到附近的植物上。

澈底根除害蟲的困難，部分在於我們使用的治療方法會漏掉一小批的害蟲。因此，堅持不懈的治療就是對治害蟲的現實：牠們不會一次就被你一網打盡。每次治療之後，假設還有某些蟲卵藏在植物上，或者以薊馬的情況來說是藏在植物中，那麼你應該採取的策略就是繼續治療，直到害蟲的繁殖循環被打破。

介殼蟲（SCALE）

大部分人只會在葉子上出現成百上千個棕色小圓頂以及殘留的黏液時，才會注意到介殼蟲的存在。形成於昆蟲成長最後階段的圓頂是個固定的保護殼，可以抵抗殺蟲肥皂水噴霧，而蟲卵就在圓頂之內；當蟲卵孵化時，這些「小爬蟲」會沿著植物移動，找到新的安頓處並吸食植物的含糖汁液。如果不加以控制，介殼蟲的大軍將橫行無阻、澈底淹沒你的植物，讓你別無選擇，只能丟棄它們。

這些極其微小的爬蟲藏身在植物的角落與縫隙當中，很難被察覺。你的第一個反應應該是剪掉感染嚴重的植物部位，但你可以（或說願意）剪掉的數量，端視植物而定：黃金葛有許多葉子可以剪除，但對於花燭植物來說，一片葉子可能就是整株植物葉量的四分之一。你得自行衡量你的成本效益，如果你有意長期栽種這株植物，那麼剪掉被感染的葉子是減少介殼蟲數量的高效方式；如果你的植物仍然健康，就會長出新葉。

移除被蟲害感染的植物部位之後，你的下一步行動就是實際地滅除一隻隻的介殼蟲。我發現遮蓋膠帶與（對較大的葉子來說）黏毛滾筒比浸泡了酒精的棉花棒（通常建議的處理方式）更有效。使用遮蓋膠帶，你可以確定昆蟲以及附近所有的小爬蟲都被清除了，而且膠帶通常不會留下任何殘餘物，比酒精造成的傷害更小。

你可以藉由噴灑殺蟲肥皂水來完成你的治療，希望此舉可以滅除所有你看不到的小爬蟲。每隔幾天，當你在檢查植物時，你可以用遮蓋膠帶來去除所有你看得見的介殼蟲，同時每週還可以用殺蟲肥皂水來進行更澈底的噴灑。

介殼蟲從卵到成蟲的生命週期為 30～60 天，每隻成蟲都能產下成百上千隻的小爬蟲；因此，重複而持續地定點除蟲，是控制害蟲數量的重要關鍵。這些治療方法預計得持續 1～2 個月之久。

（上圖）深入了解你的植物，如此一來，你就更能辨識出它的不速之客。

(上排)單隻介殼蟲成蟲：圓頂保護殼看起來可能像是植物的一部分——或許是氣生根的結節。

(左下與下中)但是，成蟲可以被小心地移除。你可以看到保護殼下的小爬蟲正蠢蠢欲動地打算擴大牠們的活動範圍。

(右下)遮蓋膠帶可以有效地拔除較大的有殼成蟲以及在附近爬行的所有幼蟲。

室內觀葉植物收集日誌

粉介殼蟲

　　大部分人都能輕易辨識出粉介殼蟲的雌性成蟲，橢圓形的身軀加上明顯的觸角（雖然這是昆蟲的後半部身軀）。當牠們咬進植物表面以吸取汁液時，會同時分泌一層蠟質的保護層，將卵產在裡頭。為了控制蟲害侵擾，你應該熟悉粉介殼蟲成蟲之前的生長階段：蛹要小得多，呈橢圓形且沒有觸角；雄性有翅膀，看起來就像蕈蚊（fungus gnat），但飛得沒那麼快。雄性的粉介殼蟲通常十分罕見，除非你的植物感染程度十分嚴重。

　　剪掉感染嚴重的葉子，是減少粉介殼蟲數量的有效方法；如果你的植物本來就需要修剪了，這更是一個特別好的選擇！浸泡在酒精中的棉花棒，是消滅較大雌性成蟲的有效方式。你可能需要用小鑷子伸入葉鞘，這正是害蟲可能形成巢穴的所在。遮蓋膠帶是挑揀出蛹、窩以及卵的好方法。

　　粉介殼蟲往往會沿著植物莖幹的隱蔽角落與縫隙處產卵，但更狡詐的是，牠們也會在花盆外頭與盆底產卵。因此，即使你認為你已經消滅了植物上頭的所有粉介殼蟲，花盆下方可能仍然有牠們的巢穴存在；這些可以用浸泡了酒精的棉花棒擦拭掉，或者直接更換花盆即可。

　　粉介殼蟲從卵到成蟲的生命週期是60～90天，每隻成蟲可以產下300～600個卵。在接下來的2～3個月中，你仍須繼續監測粉介殼蟲並治療植物。

（左頁）完全成長的粉介殼蟲成蟲很容易被發現。

（上排）處於成蟲之前卵、蛹等階段的粉介殼蟲可能較難被發現，但現在你知道要尋找什麼了。

（下排）為什麼粉介殼蟲的蟲害不斷捲土重來？因為牠們的孵化所在隱藏在盆底——甚至在盆緣底下。

室內觀葉植物收集日誌　　227

根粉介殼蟲（ROOT MEALYBUG）

彷彿普通的粉介殼蟲不夠令人害怕，還有另一種專門攻擊植物根部的粉介殼蟲。根粉介殼蟲很難被察覺，除非你特意去檢查——只需將植物從花盆中取出並檢查根部即可。執行這項檢查的理想時機是換盆的時候，但在澆水的間隔、土壤最乾燥的時候也可以接受。

被根粉介殼蟲侵襲的植物因根系受損，很難吸收水分。我曾經種過一株球蘭，而且我總在適當時機為它澆水，但經過幾個月後，它的葉子似乎仍是皺巴巴、沒精打采地下垂。直到我為這株植物換盆，才發現它的根球上散落著白色的團塊。

對於輕微的感染，你可以嘗試將根球浸泡在過氧化氫的稀釋溶液中，也可以試著以剪刀與鑷子剪掉受感染的部分。至於極為嚴重的感染，如果你想留下這株植物，可以從根系切下整株植物，藉由丟棄老的根系讓植物長出新的根；基本上，就是以插條的方式來繁殖整株植物。這是行得通的！

（右圖）在你為植物換盆之前，你可能不會發現根粉介殼蟲的存在。

蕈蚊

蕈蚊是四處亂飛的小飛蚊，有時會飛進你的咖啡裡（我就遇過這種情況）。相較於這裡所列出的其他害蟲，蕈蚊儘管對我們人類來說特別惱人，對植物的損害卻是最小。幼蟲繁殖並孕育於土壤之中，並以土壤中的真菌為食；如果你剛好翻動土壤表面，可能會看到有些小小的銀色爬行物，那就是蕈蚊的幼蟲。

對於成蚊，你可以購買黃色黏蟲紙放在土壤中；而我也會把一小碟芳香洗碗精放在蕈蚊為患的植物旁，幾天之後，飛過來的成蚊就會陷入洗碗精裡。如果你剛好知道哪一株植物的土壤中有蕈蚊的幼蟲，你可以將「小黑飛剋星」（Mosquito Bits）混入水中來為植物澆水。如果蟲害侵擾嚴重，就為植物重新換盆，並盡可能將土壤都換掉。

（上圖）少量的蕈蚊通常對植物無害。

（下圖）一小盆洗碗精很容易吸引並捕捉住成蚊，防止牠們在土壤中產下更多的卵。

室內觀葉植物收集日誌

葉蟎

　　還有幾種極小的蟎蟲（長度小於 0.1 公分）會消耗並摧毀好些植物。如果你注意到有看起來像是沙粒的東西，在輕輕吹拂時似乎會黏在葉子上，那麼，你可能遇上了葉蟎。隨著蟲害的侵擾愈形嚴重，你可能會開始看到葉子表面的微細織網以及粒狀的損傷。還有另一種葉蟎沒有顯而易見的織網，因此，你可能必須尋找殘存的卵殼或諸如針刺、刮痕等葉子損傷的跡象。對於榕樹等特定植物來說，葉蟎所造成的損失會導致植物的汁液在空氣中氧化，留下顯而易見的紅色印記。

　　至於葉蟎的處理方式，我會看看能否剪掉感染嚴重的葉子；接著，用一塊膠帶試著除去盡可能多的葉蟎，然後再用殺蟲肥皂水噴灑並盡可能把葉子擦拭乾淨，因為葉蟎會在葉子表面產卵。

　　葉蟎從蟲卵到成蟲的生命週期是 30～60 天。每隻雌性成蟲每 5～10 天就會產下約莫一百個卵。為了打破繁殖週期，你應該在接下來的 1～2 個月中每 5 天就為植物除一次蟲。

（上圖）葉子之間的微細織網，就是蟲害已然穩固形成的跡象。

（右頁）如果你看到極小的微粒而無法把它吹走時，不妨靠近仔細看看，它可能是葉蟎或是葉蟎的殼。

室內觀葉植物收集日誌

231

薊馬

薊馬的成蟲體型小而細長，長度通常約 0.1 公分，呈黑色或深棕色；幼蟲則為半透明的淡黃色，比成蟲來得小。薊馬會以口器銼磨植物，在葉子表面留下銀色的刮痕；你可能也會看到黑色的小小滴痕，那是薊馬的排泄物。薊馬之所以最難根除，是因為牠們將卵產在植物的組織內，因此任何擦拭或噴灑完全接觸不到蟲卵。

你的第一道防線應該是剪掉感染嚴重的葉子。特別留意受損的葉子部位，因為這些地方很可能是薊馬將卵產於植物組織之中的區域。剪除這些葉子是值得嘗試的犧牲。

你可以用一塊遮蓋膠帶試著除去盡可能多的薊馬。對於較大片的葉子，你可以用黏毛滾筒，再用殺蟲肥皂水噴灑整株植物。我習慣在植物附近放些遮蓋膠帶，如此一來，倘若我碰巧看到任何薊馬出沒的跡象，就能馬上利用膠帶來進行定點除蟲。

薊馬從卵到成蟲的生命週期是 20 ～ 40 天，每一隻成蟲可以產下 25 ～ 50 個卵，大約一週就能孵化。為了打破繁殖週期，你最好的選擇是在接下來的 1 ～ 2 個月中，持續每 5 天就對植物進行一次局部的處理（利用遮蓋膠帶）。

（上圖與右頁上排）葉子上的小塊變色可能是薊馬侵擾的跡象。薊馬的幼蟲呈半透明的淡黃色，尾端有時會黏附著一團黑色的液狀物，那是牠們的排泄物。

（右頁下排）薊馬的成蟲是小而細長的黑色昆蟲，會在葉子表面緩慢爬行。這裡就是一隻在龜背芋葉子上漫步的薊馬成蟲。

室內觀葉植物收集日誌

233

謝辭

Aaron Apsley @apsley_watercolor
Begonia Flora @begonia_flora
Canadian Succulents, Molly Shannon @canadiansucculents
Centered By Plants @centeredbyplants
Crystal Star Nursery @crystalstarnursery
Dave's Air Plant Corner @davesairplantcorner
Dynasty Toronto @dynastyplantshop
Kim's Nature @kims_nature
Mike Rimland @costafarms
Justin W. Hancock @justinwhancock
Mason House Gardens, Jeff Mason @masonhousegardens
Jesse Goldfarb @teentinyterra
Melissa Maker @cleanmyspace @melissamaker
Tiffany Mah @plantmahmah
Melissa Lo @houseplant.oasis
Mulhall's Garden & Home @mulhalls
New York Botanical Garden @nybg
Tonkadale Greenhouse @tonkadale
Valleyview Gardens, Larry Varlese @valleyviewgardens
Vandermeer Nursery & Garden Centre @vandermeernursery
Chau Wa Chong & Nen Wa Chu
Woodhill Garden Centre @woodhillgardencentre

特別感謝：

蘇梅亞‧B‧羅伯茲（Soumeya B. Roberts）
我始終感謝你為我所做的一切、你的指引以及鼓勵。感謝你代表我並且相信我！

艾瑞克‧希梅爾（Eric Himmel）
感謝你提出《室內觀葉植物收集日誌》的想法，並與我一路合作至今。

凱瑟琳‧麥卡利斯特（Cathleen McAllister）
得以與你一起合作，著實是一項莫大的榮幸！感謝你讓我的想法成真。

塞比特‧閔（Sebit Min）
我好興奮你能再度設計我的書──我超愛所有元素結合在一起的呈現方式！

米克‧馬爾霍爾（Mick Mulhall）以及馬爾霍爾的團隊
感謝你們所有人的支持並帶我走入奧馬哈植物群落（Omaha plant community）。

賈桂琳‧陳（Jacqueline Chan）
你的愛與鼓勵讓我克服了撰寫本書所遭遇的挑戰。非常愛你，親愛的！
──鄭德浩

圖片來源

Illustrations by Cathleen McAllister: pp. 85, 94, 125, 133, 149, 161, 173

All photographs copyright © 2024 Darryl Cheng, except the following:

Kay Abadam @inrootedlove: pp. 151, 152, 153 (top right)
Brian Atchue @hanginghouseplants @brianthurium: pp. 59, 60 (right)
Alison Clements and Wade Kimmon @plantingpnw: pp. 61, 222
Jan Gettmann @sydneyplantguy: pp. 179, 183 (top left)
Eric Himmel: pp. 12, 200 (left)
Roos Kocken @plantwithroos: pp. 74 (above; left), 86 (above, right), 166
Benson Kua: pp. 73 (right), 85 (left), 190 (above)
Jon Lane @daydreambeleafers: p. 195
Natasha Ling-LeBlanc @plantasha.to: pp. 136, 199
Tim Lung @urbangreenroomtropicals: p. 60 (left)
Tanya Martinovic @zenthegarden: pp. 4–5, 92
Dustin Miller @here_butnot: pp. 169 (top right; right), 185 (bottom right)
Vanessa Nghiem @bahnaesa: back cover p. (bottom left), 91
Melissa Oxendine @plantsbymelissa: pp. 135, 168 (above right)
Jainey Paz @paz_plantlife: pp. 131, 134
Beverly Phillips @turquoise.pot.alert: p. 97 (top left; above)
PT Prisma Tekno Kultura @exotropical.id: pp. 201 (left; top right), 202 (bottom right)
Molly Shannon @canadiansucculents: p. 80
Muhammad Ikhwan Shobari A.P.D., @gope.green: p. 67 (top left; bottom left)
Cyril Sontillano @cyrilcybernated: pp. 111, 184 (right)
Andrew Szeto @thepupandbud: p. 155 (bottom center)
Wing Hong Tse @kims_nature: p. 114 (top left)
Grace Vergara @wildleaf.toronto: p. 86 (above right)
Genna Weber @gennasplants: back cover (bottom right), pp. 126 (top left and right), 146 (above), 148, 153 (top left), 168 (above; bottom right), 185 (top left)
Elliot Yao @plantyiu: pp. 187, 190 (right)
Vivian Yu @fat_plants_only: pp. 122 (top; bottom), 128 (top; bottom)

索引（依單元順序）

單元	原文	中文
第一章 室內觀葉植物收集者 P6～P17	Hoya kerrii variegata Monstera deliciosa 'Albo Variegata' Philodendron 'Birkin' pothos grow lights bright indirect light Arum aroids International Aroid Society euphorbia sansevieria snake plants Monstera deliciosa Anthurium warocqueanum Monstera deliciosa 'Thai Constellation'	心葉錦球蘭 「白斑」龜背芋 「鉑金」蔓綠絨 黃金葛 植物生長燈 明亮的間接光照 白星海芋屬 天南星科 國際天南星科協會 大戟屬 虎尾蘭 虎尾蘭 龜背芋 皇后花燭 「泰斑」龜背芋
第二章 光照：找出合理可行的方式 P18～P37	Full sun Part sun Part shade Shade FC PAR Lux/FC light meter μ mol diffused light brightness value lx photon flux density tolerance natural light indoors commercial nurseries μ mol/m²/s ambient light diffusing material Tillandsia xerographica shade analysis low light ceramic metal halide high pressure sodium time constant intensity constant Daily Light Integral DLI percent shading	全日照 部分日照 部分遮蔭 遮蔭 呎燭 光合有效輻射 勒克司／呎燭測光表 微莫耳 散射光 亮度值 勒克司 光合有效輻射光子通量密度 容差 室內自然光 商業苗圃 微莫耳／平方公尺／秒 環境光照 擴散材料 霸王空氣鳳梨 陰影分析 低光照 陶瓷金屬鹵化物燈 高壓鈉燈 時間常數 強度常數 每日光照量累積值 每日光照量累積值 遮光百分比

第三章 土壤與養分管理 P38～P43	planting substrate Soil Porosity potting soil perlite soil compaction potting mix coco coir peat moss Soil pH spider plant macronutrient micronutrient NPK ratio slow-release	栽種基質 土壤孔隙率 盆栽土 珍珠岩 土壤壓實 盆栽混合物 椰殼纖維 泥炭苔 土壤酸鹼值 蜘蛛草 巨量營養素 微量營養素 氮磷鉀比例 緩效性
第四章 一項宇宙通則 P44～P51	moisture meter Maidenhair fern potting medium top watering planting medium	濕度計 鐵線蕨 盆栽介質 頂部澆水 栽種介質
第五章 室內的配置 P52～P61	greenhouse cabinet grow tent hobby greenhouse	溫室陳列櫃 生長帳篷 業餘嗜好溫室
粗肋草 P64～P69	Aglaonema 'Silver Bay' Aglaonema nitidum Aglaonema commutatum Aglaonema costatum Aglaonema rotundumare Aglaonema 'Anyamanee' Aglaonema pictum 'Tricolor' air layer sphagnum moss Aglaonema 'Spring Snow' Aglaonema 'Maria' Aglaonema 'Jubilee'	「美少女」粗肋草 箭羽粗肋草 白斑粗肋草 心葉粗肋草 圓葉粗肋草 「亞曼尼」粗肋草 「三色」迷彩粗肋草 空中壓條 水苔 「春雪」粗肋草 「瑪利亞」粗肋草 「銀禧」粗肋草
姑婆芋 P71～P74	Alocasia 'Amazonica' Alocasia sanderiana Alocasia watsoniana Amazon Nursery root system Alocasia macrorrhiza 'Stingray' Alocasia baginda 'Dragon Scale' Alocasia cuprea Alocasia micholitziana 'Frydek' Alocasia zebrina	「亞馬遜」觀音蓮 美葉觀音蓮 大王觀音蓮 亞馬遜苗圃 根系 「魟魚」蘭嶼姑婆芋 「龍鱗」蘇丹觀音蓮 銅葉觀音蓮 「弗里德克」絨葉觀音蓮 斑馬觀音蓮

蘆薈 P76〜P81		water stress Aloe 'Delta Lights' Aloe aristate Unnamed Jeff Mason Hybrid Aloe 'Christmas Carol' sun-stressed Aloe x nobilis Aloe arborescens	水分壓力 「三角燈」蘆薈 長鬚蘆薈 未命名的傑夫・梅森雜交種 「聖誕卡蘿」蘆薈 陽光壓力 諾比觀音蓮 樹蘆薈
花燭 P82〜P89		Anthurium andraeanum Anthurium clarinervium Anthurium regale Anthurium crystallinum Anthurium magnificum Anthurium forgetii Anthurium luxurians Anthurium veitchii Anthurium plowmanii Anthurium vittarifolium Anthurium radicans	火鶴花 圓葉花燭 帝王花燭 水晶花燭 絨葉花燭 圓基花燭 奢華花燭 國王花燭 鳥巢花燭 垂葉花燭 惡魔花燭
秋海棠 P90〜P101		Cane begonias angelwing begonia dragon-wing begonia Rhizomatous begonias beefsteak begonia Begonia Rex Cultorum rex begonia hard pruning Begonia 'Sophie Cecile' humidity dome Begonia 'Corallina de Lucerna' Begonia teuscheri Begonia coccinea Begonia maculata var. wightii Begonia 'Miss Mummy' Begonia 'Cracklin' Rosie' Begonia 'Gryphon' leaf cutting Begonia 'Erythrophylla' Begonia 'Tiger Kitten' Begonia 'Dinhdui' Begonia natunaensis Begonia dracopelta Begonia quadrialata ssp. Nimbaensis	竹藤類秋海棠 天使翼秋海棠 龍翼秋海棠 根莖類秋海棠 牛排秋海棠 蝦蟆秋海棠 大王秋海棠 強剪法 「蘇菲塞西爾」秋海棠 保濕罩 「露西娜」秋海棠 特烏謝里秋海棠 大紅秋海棠 圓點秋海棠 「木乃伊小姐」秋海棠 「蘿西」秋海棠 「獅鷲」秋海棠 切葉 「紅葉」秋海棠 「虎斑」秋海棠 「廷杜伊」秋海棠 納圖那秋海棠 龍胄秋海棠 寧巴四翅秋海棠

竹芋／肖竹芋／錦竹芋 P102〜P109	Goeppertia insignis Goeppertia roseopicta Ctenanthe burle-marxii leaf browning Ctenanthe burle-marxii 'Amagris' Calathea lancifolia Goeppertia makoyana peacock plant Ctenanthe oppenheimiana Goeppertia roseopicta 'Medallion' Calathea musaica 'Network' Goeppertia orbifolia mealybug	箭羽肖竹芋 彩虹肖竹芋 魚骨錦竹芋 葉子褐變 「阿瑪格里斯」魚骨錦竹芋 箭羽竹芋 馬寇氏肖竹芋 孔雀竹芋 紫背錦竹芋 「大獎章」彩虹肖竹芋 「網紋」馬賽克竹芋 青蘋果肖竹芋 粉介殼蟲
吊燈花 P110〜P114	Ceropegia woodii string of hearts chain of hearts rosary vine string-of-pearls Curio rowleyanus Ceropegia ampliata bushman's pipe Ceropegia simoneae 'Green Bizarre' Ceropegia sandersonii parachute plant Ceropegia woodii 'Silver Glory'	愛之蔓 串串心 串串心 玫瑰藤 珍珠串 翡翠珠 白瓶吊燈花 布西曼人的菸斗 「綠色怪物」臘泉吊燈花 醉龍吊燈花 降落傘花 「銀色榮耀」愛之蔓
花葉萬年青 P116〜P121	dumb cane Dieffenbachia 'Honeydew' Dieffenbachia maculate 'Tropical Tiki' Dieffenbachia 'Sterling' Dieffenbachia 'Panther' Dieffenbachia 'Camille' Dieffenbachia 'Sparkles' Dieffenbachia 'Crocodile' Dieffenbachia 'Camouflage' Dieffenbachia seguine 'Tropic Snow'	啞巴甘蔗 「蜜露」花葉萬年青 「熱帶蒂基」斑葉萬年青 「金道」花葉萬年青 「黑豹」花葉萬年青 「卡蜜拉」花葉萬年青 「噴雪」花葉萬年青 「鱷魚」花葉萬年青 「偽裝」花葉萬年青 「夏雪」花葉萬年青
石蓮花及其他小型多肉植物 P122〜P129	Echeveria 'Blue Bird' Echeveria 'Perle von Nürnberg' Echeveria nodulosa painted echeveria Echeveria runyonii 'Topsy Turvy' Echeveria 'Marble' Echeveria 'Japan Moon River' Adromischus marianiae herrei Boobie cactus Myrtillocactus geometrizans cv. Fukurokuryuz-inboku Echeveria obesa Echeveria decaryi Echeveria platyclada Echeveria x japonica Crassula 'Buddha's Temple'	「藍鳥」石蓮花 「紫珍珠」石蓮花 紅司石蓮花 彩繪石蓮花 「反葉」玉蝶石蓮花 「擬石」石蓮花 「日本月河」石蓮花 大疣朱紫玉 玉乳柱 玉乳柱 晃玉 皺葉麒麟 扁平麒麟 日本大戟 「佛寺」青鎖龍

黃金葛 P130～P137	Epipremnum aureu genus Epipremnum Epipremnum pinnatum Epipremnum aureum 'Marble Queen' Epipremnum pinnatum variegata Epipremnum aureum 'Manjula' Epipremnum pinnatum 'Skeleton Key' Epipremnum pinnatum 'Cebu Blue'	黃金葛 拎樹藤屬 拎樹藤 「大理石皇后」黃金葛 斑葉拎樹藤 「白泉」黃金葛 「萬能鑰匙」拎樹藤 「宿霧藍」拎樹藤
蕨類植物 P138～P141	Adiantum microphyllum Adiantum raddianum Delta maidenhair fern Adiantum peruvianum silver-dollar maidenhair fern Davallia fejeensis rabbit's foot fern Ant fern Lecanopteris lomariodes Lecanopteris deparioides Microsorum thailandicum cobalt fern Asplenium nidus 'Crissie' Asplenium antiquum 'Lasagna' lasagna fern Asplenium nidus 'Osaka'	小葉鐵線蕨 美葉鐵線蕨 三角洲鐵線蕨 秘魯鐵線蕨 銀幣鐵線蕨 斐濟骨碎補 兔腳蕨 蟻蕨 橘皮蟻蕨 藍蟻蕨 反光藍蕨 鈷蕨 「鹿角」鳥巢蕨 「眼鏡蛇」大鱗巢蕨 眼鏡蛇蕨 「大阪」鳥巢蕨
十二卷／琉璃殿 P142～P146	Haworthiopsis coarctata Haworthiopsis limifolia fairy's washboard Haworthiopsis resendiana Haworthiopsis glabrata Haworthiopsis attenuata var. radula Haworthiopsis attenuata cathedral window haworthia Haworthia cooperi Haworthia obtusa Haworthia bayeri Haworthiopsis truncata Haworthiopsis limifolia variegata Haworthia maughanii 'Rainbow'	九輪塔 銳葉琉璃殿 仙女洗衣板 雷森琉璃殿 點紋琉璃殿 松之霜琉璃殿 垂葉琉璃殿 大教堂窗十二卷 姬玉露 水晶玉露 貝葉壽 玉扇 錦葉琉璃殿 「彩虹」萬象
球蘭 P148～P158	Hoya carnosa Hoya carnosa 'Wilbur Graves' peduncle Hoya parasitica 'Heart Leaf Splash' Hoya compacta Hoya krohniana 'Eskimo' Hoya caudata Hoya compacta variegata Hoya latifolia 'Sarawak' Hoya linearis Hoya mathilde Hoya Taco Hoya kerrii blind cutting Hoya carnosa 'Chelsea' Hoya carnosa 'Krimson Princess'	球蘭 「威爾伯」球蘭 花梗 「心形斑葉」全日香球蘭 捲葉球蘭 「愛斯基摩」球蘭 雲葉球蘭 捲葉錦球蘭 「沙勞越」寬葉球蘭 線葉球蘭 錢幣球蘭 球蘭塔可餅 心葉球蘭 盲切的插條 「雀兒喜」球蘭 「緋紅公主」球蘭

龜背芋 P160～P169	fenestration thrips Monstera dubia Monstera obliqua 'Peru' Monstera deliciosa 'Aurea' Monstera standleyana variegata Monstera karstenianum Monstera Peru Monstera adansonii Monstera 'Burle Marx's Flame'	開孔裂葉 薊馬 花葉龜背芋 「秘魯」窗孔龜背芋 「黃斑」龜背芋 斑葉翼葉龜背芋 喀斯泰尼亞姆龜背芋 秘魯龜背芋 小窗孔龜背芋 「巴西火焰」龜背芋
椒草 P170～P177	Peperomia argyreia watermelon peperomia rippled leaf Upright peperomia Rosette peperomia Peperomia obtusifolia Peperomia clusiifolia Peperomia prostrata Peperomia obtusifolia variegata baby rubber plant Peperomia puteolata parallel peperomia string of turtles PVC Spider mite	西瓜皮椒草 西瓜皮椒草 波紋葉 直立型椒草 簇生型椒草 圓葉椒草 紅邊椒草 蔓椒草 乳斑圓葉椒草 迷你橡膠樹 白脈椒草 平行椒草 海龜串 聚氯乙烯 葉蟎
蔓綠絨 P178～P184	Monstera siltepecana Philodendron verrucosum Philodendron 'Glorious' Philodendron gloriosum Philodendron melanochrysum Philodendron 'Pink Princess' extrafloral nectary Philodendron 'Malay Gold' Philodendron 'Lemon-Lime' Philodendron 'Golden Goddess' Philodendron 'Ceylon Gold' Philodendron erubescens 'Red Emerald' Philodendron tortum Philodendron pedatum Philodendron pedatum var. quercifolium Philodendron 'Florida Ghost' Philodendron squamiferum Philodendron 'Florida Beauty' Philodendron spiritus sancti	銀杏龜背芋 螢光蔓綠絨 「榮耀」蔓綠絨 錦緞蔓綠絨 絨葉蔓綠絨 「粉紅公主」蔓綠絨 花外蜜腺 「黃金」蔓綠絨 「檸檬萊姆」蔓綠絨 「金色女神」蔓綠絨 「錫蘭金」蔓綠絨 「紅翡翠」紅帝王蔓綠絨 魚骨蔓綠絨 龍爪蔓綠絨 龍爪橡葉蔓綠絨 「佛羅里達幽靈」蔓綠絨 鱗葉蔓綠絨 「佛羅里達美人」蔓綠絨 聖靈蔓綠絨

鹿角蕨 P189〜P191	staghorn fern elkhorn fern shield frond fertile frond Platycerium bifurcatum cold treatment basal frond sterile frond Platycerium willinckii 'Mt Lewis' Platycerium 'Omo' Platycerium stemaria Platycerium ridleyi Platycerium hillii 'Mio' Platycerium coronarium Platycerium superbum Platycerium wandae antler frond	鹿角蕨 巨獸鹿角蕨 盾葉 繁殖葉 二歧鹿角蕨 低溫治療 營養葉 不孕葉 「路易斯山」爪哇鹿角蕨 「白色戀人」鹿角蕨 三角鹿角蕨 亞洲猴腦鹿角蕨 「綴化」深綠鹿角蕨 皇冠鹿角蕨 巨大鹿角蕨 女王鹿角蕨 鹿角葉
崖角藤 P192〜P197	Rhaphidophora tetrasperma mini monstera Rhaphidophora decursiva Rhaphidophora cryptantha Rhaphidophora hayi	姬龜背 迷你龜背芋 裂葉崖角藤 銀脈崖角藤 哈伊崖角藤
藤芋 P198〜P203	satin pothos Scindapsus pictus Scindapsus Salad Scindapsus pictus 'Exotica' Scindapsus 'Tricolor Borneo' Scindapsus 'Snake Skin' Scindapsus 'Silver Hero' Scindapsus treubii 'Moonlight' Scindapsus pictus 'Silver Lady' Scindapsus pictus 'Argyraeus' Scindapsus treubii 'Dark Form'	銀葉黃金葛 星點藤 藤芋沙拉 「大葉」星點藤 「三色婆羅洲」星點藤 「蛇皮」星點藤 「銀色英雄」星點藤 「月光」星點藤 「銀女士」星點藤 「銀邊」星點藤 「墨綠」星點藤
合果芋 P204〜P207	Syngonium podophyllum arrowhead vine lobe Syngonium wendlandii Syngonium mojito Syngonium podophyllum 'Pink Splash' Syngonium podophyllum 'Pink Perfection' Syngonium T24	合果芋 箭頭藤 裂片 絨葉合果芋 莫吉托合果芋 「粉紅飛濺」合果芋 「紅蝴蝶」合果芋 T24合果芋
鵝掌芋 P208〜P213	Thaumatophyllum bipinnatifidum Philodendron selloum split-leaf philodendron Thaumatophyllum Xanadu Thaumatophyllum spruceanum compound leaf	羽裂鵝掌芋 羽裂蔓綠絨 羽裂蔓綠絨 佛手鵝掌芋 鵝掌蔓綠絨 複葉

空氣鳳梨 P214～P221	air plant trichome Tillandsia tectorum Tillandsia pruinosa Tillandsia andreana Tillandsia ionantha Tillandsia ionantha 'Peanut' Tillandsia ionantha 'Macho' Tillandsia ionantha 'Evolution' Tillandsia funckiana Tillandsia caput-medusae	空氣草 毛狀體 雞毛撢子空氣鳳梨 小紅犀牛空氣鳳梨 紅寶石空氣鳳梨 小精靈空氣鳳梨 「花生米」小精靈空氣鳳梨 「壯漢」小精靈空氣鳳梨 「進化」小精靈空氣鳳梨 小狐尾空氣鳳梨 女王頭空氣鳳梨
附錄：對治害蟲 P223～P233	scale fungus gnat Root Mealybug Mosquito Bits	介殼蟲 蕈蚊 根粉介殼蟲 小黑飛剋星

室內觀葉植物收集日誌：綠植之旅的下一場冒險
The New Plant Collector: The Next Adventure in Your House Plant Journey

作者	鄭德浩 Darryl Cheng
譯者	林資香
主編	蔡曉玲
行銷企劃	王芃歡
美術設計	賴姵伶
校對	黃薇霓

發行人	王榮文
出版發行	遠流出版事業股份有限公司
地址	臺北市中山北路一段11號13樓
客服電話	02-2571-0297
傳真	02-2571-0197
郵撥	0189456-1
著作權顧問	蕭雄淋律師

2024年12月1日 初版一刷
定價新臺幣650元
（如有缺頁或破損，請寄回更換）
有著作權・侵害必究
Printed in Taiwan
ISBN：978-626-361-988-3
遠流博識網 http://www.ylib.com
E-mail：ylib@ylib.com

Text and photographs copyright © 2024 Darryl Cheng
First published in the English language in 2024
By Abrams Image, an imprint of ABRAMS, New York
ORIGINAL ENGLISH TITLE: THE NEW PLANT COLLECTOR
(All rights reserved in all countries by Harry N. Abrams, Inc.)
This edition is published by arrangement with Harry N. Abrams Inc.
through Andrew Nurnberg Associates International Limited.

國家圖書館出版品預行編目(CIP)資料

室內觀葉植物收集日誌/鄭德浩(Darryl Cheng)作；林資香譯. -- 初版. -- 臺北市：遠流出版事業股份有限公司, 2024.12
　　面；　公分
譯自：The new plant collector
ISBN 978-626-361-988-3(平裝)

1.CST: 觀葉植物 2.CST: 栽培 3.CST: 園藝學 4.CST: 家庭佈置

435.47　　　　　　　　　　　　113015830